Barolo & Barbaresco

ECON Gourmet Bibliothek

Friedrich Eberle und Christa Klauke

Barolo & Barbaresco

ETB
ECON Taschenbuch Verlag

Bildnachweis: Faber (1, 2)

Autoren und Verlag danken dem Consorzio Barolo Barbaresco für die freundliche Genehmigung zum Abdruck von Abbildungen.

CIP-Titelaufnahme der Deutschen Bibliothek

Eberle, Friedrich:
Barolo & [und] Barbaresco / Friedrich Eberle u. Christa Klauke.
[Hrsg. von Hans-Peter Wodarz]. – Orig.-Ausg. – Düsseldorf:
ECON Taschenbuch Verl., 1990
(ETB 24027; ECON Gourmet Bibliothek)
ISBN 3-612-24027-7
NE: Klauke, Christa: GT

Originalausgabe

Juni 1990
Umschlaggestaltung: Ludwig Kaiser
Titelfoto: Johannes Sussbauer c/o Studio Ludwig Kaiser
Rückseitenfoto: Axel Ruske
Lektorat/Konzeption: Dr. Peter Lempert

Satz: Dörlemann-Satz, Lemförde
Druck und Bindearbeiten: Ebner Ulm
Printed in Germany
ISBN 3-612-24027-7

Inhalt

HANS-PETER WODARZ

über

Barolo und Barbaresco

Jahrzehntelang fiel Gourmets im Restaurant beim Rotwein nichts anderes ein, als französische Weine zu bestellen. Nur zwei italienische Weine bildeten eine Ausnahme: der Barolo und der Barbaresco. Beide kommen aus den Langhe, einer anheimelnden Hügellandschaft in Piemont, was gewissermaßen das italienische Alpenvorland gen Westen ist, nach Frankreich also ausgerichtet. Die Qualität dieser beiden Weine ist außergewöhnlich, und sie sind so charaktervoll, daß man sie nicht verwechseln kann. Wenn man Weine Jahreszeiten zuordnen will, dann sind der Barolo und der Barbaresco Herbstweine. Sie bersten vor Bouquet, das in der Jugend, wenn der Wein drei bis fünf Jahre in der Flasche ist, vom berauschenden Duft schwarzer Johannisbeeren geprägt ist. Je älter die Weine werden, desto komplexer werden die Aromen auf der Zunge und in der Nase. Man sagt, die Weine entwickeln das Bouquet von Trüffeln, von Teer, von Brombeeren, von feuchtem Herbstlaub im Nebel.

Ganz sicher gehören Barolo und Barbaresco zu den Weinen von der Apenninhalbinsel, die am besten altern können. Das verdanken sie der Rebsorte Nebbiolo, deren

Name auf den Septembernebel hindeutet, in dem sie am liebsten ausreift: »nebbia« heißt auf italienisch Nebel. Sie verleiht dem Wein Körperreichtum, einen mächtigen Fruchtsäureextrakt, Tannine ohne Ende und Alkoholwerte zwischen 13,5 und 14,5 Volumenprozent. Der Barbaresco gilt als etwas leichter und schneller reifend, dafür soll er mehr Raffinesse haben. Nun, auch der Barbaresco ist mächtig genug, um ihn nie anders als mit Bedacht zu genießen, und wie ein guter Barolo gehört er allemal zu den besten und rassigsten Rotweinen der Welt.

Beide haben im eigenen Land starke Konkurrenz bekommen. Eine Fülle an neuen Weinen, viele davon im Bordeauxstil, sind in den letzten Jahren neu auf dem Markt gekommen. Diese Konkurrenz hat fraglos dazu beigetragen, daß das Niveau überall gestiegen ist. Die Erzeuger beider Weine haben auf die Herausforderung reagiert. Die Verweildauer im großen Holzfaß wurde behutsam verringert. Heute werden die meisten guten Barolos und Barbarescos nicht später als drei Jahre nach der Ernte auf Flaschen gezogen.

Die Winzer bemühen sich, durch moderne Kellertechnik den Wein etwas früher trinkbar zu machen. Das heißt, der Most wird nur so lange vergoren, daß die Gerbsäure nicht überhand nimmt. Die Gärtemperatur wird sorgfältig kontrolliert, damit alle Schichten des Fruchtgeschmacks erhalten bleiben. Was herauskommt, ist ein moderner, bekömmlicher Wein mit den alten, unverwechselbaren Geschmackseigenschaften.

Einen Barolo von Bruno Giacosa oder einen nach Einzellagen differenzierten Barbaresco von Angelo Gaja kann ich auch den anspruchsvollsten meiner Gäste in der »Ente vom Lehel« zum zartesten Lammrücken empfehlen.

Barolo und Barbaresco – junge Weine

Wer die bedeutendsten italienischen Rotweine nennen müßte, würde sicherlich auch Barolo und Barbaresco erwähnen, und zwar unabhängig davon, ob er sie tatsächlich schon einmal getrunken hat. Dem Ruf nach zählen sie zu den großen Rotweinen der Welt.

Barolo und Barbaresco stammen aus dem südlichen Piemont, genauer gesagt aus der Nähe des Städtchens Alba. Die Region Piemont ist von der Landwirtschaft und zugleich von der Industrie geprägt. Dort ansässig sind einige der modernsten italienischen Betriebe wie Fiat oder Olivetti, aber erzeugt wird unter anderem auch Reis, Käse, Obst und eben Wein.

Im Glase unterscheiden sich beide Weine zwar nicht sehr, jedoch so, daß von zwei eigenständigen Weinen gesprochen werden kann. Der Barbaresco liegt niedriger im Alkohol, hat weniger Säure und reift früher. Der Barolo ist in der Regel mächtiger und hat ein härteres Tannin (Gerbsäure). Daß sie sich so ähneln, ist kein Wunder. Sie werden aus der gleichen Rebe, dem Nebbiolo, gemacht, und ihre Anbaugebiete liegen rund 20 Kilometer voneinander entfernt. Die Hügellandschaft wird auch als Langhe bezeichnet.

Kurze Geschichte zweier bekannter Weine

Wer nun meint, die beiden Weine hätten eine jahrhundertealte Tradition, irrt gründlich. Namentlich sind sie wenig mehr als 100 Jahre alt. Daß ein Wein als Barolo bezeichnet wurde, hat sich erst Mitte des 19. Jahrhunderts eingebürgert. Der Barbaresco ist sogar noch jünger. Seinen Namen erhielt er um die Jahrhundertwende.

Das steht im augenfälligen Kontrast zu vielen Berichten über den italienischen Wein schlechthin. In ihnen ist häufig die Rede von der jahrtausendealten Tradition des Weinbaus. Zu lesen ist, daß bereits die Griechen Italien Oinotria, Land des Weines, getauft haben. Zahlreiche Lobpreisungen von Dichtern, Politikern und Päpsten im Laufe der Jahrhunderte werden angeführt, die einen bestimmten Wein besonders hervorhoben.

Auch für das Anbaugebiet von Barolo und Barbaresco können Stimmen aus der Vergangenheit zitiert werden. Die erste belegte Erwähnung der Rebe Nebbiolo, aus der Barolo und Barbaresco erzeugt werden, stammt aus dem Jahre 1268, sie wurde als Nubiola bezeichnet. 1511 beschloß man in dem Ort La Morra, sie als hochgeschätzte Rebe besonders zu schützen. Im Jahre 1600 nannte sie G. B. Croce, Juwelier des Königs Carlo Emanuele I. von Savoyen, die Königin der roten Reben. Generell galt der Piemont schon in jener Zeit als Anbaugebiet besonders guter Weine.

Damit ist recht besehen nur dokumentiert, daß weite Landstriche Italiens für den Weinbau besonders geeignet sind und dies immer so gesehen wurde. Vermutlich gibt es kein Land, das bessere Voraussetzungen bietet. Es bedeutet nicht, daß ein bestimmter, heute noch existierender Wein Gegenstand der Lobpreisungen war. Häufig ist zum Beispiel nicht einmal genau bekannt, ob der erwähnte Wein rot oder weiß war oder um welche Rebzusammensetzung es sich handelte. So bezog sich die erste Erwähnung des Chianti im 14. Jahrhundert auf einen Weißwein, erst im Laufe der Jahrhunderte hat er sich dem angenähert, was wir heute unter Chianti verstehen.

Wie kurz die Geschichte auch der prominentesten italienischen Weine ist, wird besonders deutlich, wenn man sie mit einigen französischen vergleicht. Verschiedene berühmte Bordelaiser Châteaux wie Haut-Brion waren schon im 17. Jahrhundert namentlich bekannt. Eine noch heute gültige qualitative Einstufung der Châteaux des Medoc geht auf das Jahr 1855 zurück.

Wer sich mit italienischen Weinen vertraut machen will, wird deshalb zunächst einmal das geringe Alter der meisten berücksichtigen müssen. Ohne Übertreibung kann behauptet werden, daß Italien als Weinland, wie wir es heute kennen, kaum 100 Jahre alt ist. Und der überwiegende Teil der maßgeblichen Güter ist noch um einiges jünger. Viele bestehen weniger als 20 Jahre, wenige mehr als 40 und kaum eines länger als 100 Jahre.

Wie kam es zum Namen?

Barolo und Barbaresco sind die Namen zweier Dörfer, die rund 15 bzw. 10 Kilometer von dem Städtchen Alba entfernt liegen. Von ihrer Art gibt es in Italien Hunderte. Daß sie für zwei der berühmtesten italienischen Weine namensgebend wurden, beruht auf der Tatsache, daß sie das jeweilige Zentrum besonders für Wein geeigneter Anbaugebiete sind. Das war vermutlich seit Jahrhunderten bekannt, denn solange wird hier schon Weinbau betrieben.

Aber erst Mitte des 19. Jahrhunderts begann man dort, Weine nach ihrer Herkunft (in diesem Fall der zentralen Orte) zu kennzeichnen. Früher – und noch weit bis in unser Jahrhundert hinein – begnügte man sich auch bei dem besten Wein mit dem Namen der Rebe. Also etwa Nebbiolo oder Barbera, eine andere bereits damals sehr verbreitete Rebe. Oder man bezeichnete ihn sogar nur als roten Tischwein (vino rosso da pasto) u.ä.

Anbaugebiete als Namensgeber für Weine aus der gleichen Rebsorte zu wählen, ist nur dann sinnvoll, wenn ein deutlicher Unterschied zwischen dem Wein, der aus A kommt, und dem aus B auch im Glase erkennbar ist. Es genügt nicht, daß die Lagen in A und B anders sind, die Weinbereitung muß dies deutlich machen können. Es ist offenkundig, daß das um so eher der Fall sein wird, je mehr Aufmerksamkeit ihr gewidmet wird. Erst dann spielen Feinheiten der Namensgebung eine Rolle. Wo der Wein den Status eines nicht weiter erwähnenswerten Getränks hat, wird kein sonderliches Interesse bestehen, ihn von einem anderen abzusetzen.

Die Phase einer solchen verstärkten Aufmerksamkeit setzte in dem bereits erwähnten Zeitraum Mitte des 19. Jahrhunderts ein. Zwar liegen wenige verläßliche Aussagen über die Weinbereitung in jener Zeit vor, aber es scheint, daß die Weine aus der Nebbiolo-Rebe überwiegend mit deutlicher Restsüße ausgebaut wurden. Dieser auf den ersten Blick überraschende Befund wird nachvollziehbar, wenn man sich eines ihrer hervorstechendsten Merkmale vergegenwärtigt. Da sie zu den tanninreichsten überhaupt gehört, ist der Wein zunächst sehr abweisend, zumal in seiner Jugend. Und weil es damals nicht üblich war, Weine einem längeren Reifeprozeß zu unterziehen, gab es ein einfaches Mittel, ihn dennoch früh trinkbar zu machen: die Restsüße milderte das Tannin. Ein solcher Wein hatte jedoch einen großen Nachteil: Er war nicht haltbar und sehr instabil; vom Geschmack ganz zu schweigen, zumindest nach heutigen Maßstäben.

Übrigens hat sich der Brauch, aus der Nebbiolo-Rebe einen süßen Wein zu erzeugen, bis in die heutige Zeit erhalten. Vereinzelt findet man noch einen Nebbiolo dolce, als Stilwein und als Schaumwein. Selbstverständlich sind Barolo und Barbaresco trockene Weine.

Ihre Karriere begann, als der Nebbiolo konsequent trokken ausgebaut wurde. Das setzte allerdings voraus, daß der Wein reifen konnte, um ihn zu einem Trinkvergnügen zu machen. Möglich wurde das zu Anfang durch die tatkräftige Hilfe des französischen Weinspezialisten Louis Oudart, der von dem Politiker Cavour für seine Güter eingestellt wurde. Wenig später spielte Cavazza, der erste Leiter der 1871 gegründeten Weinfachschule in Alba, eine ähnliche Rolle für den Barbaresco.

Für den Barolo war es nur eine Angelegenheit weniger Jahre nach Oudarts Tätigkeit, daß er als Wein Karriere machte. Bereits 1896 wurde er in einem umfangreichen Buch über Italiens Weine, das vom italienischen Ministerium für Landwirtschaft, Industrie und Handel herausgegeben wurde, zu »einem der besten Weine ... unseres Landes« gezählt. Und es dürfte keine Veröffentlichung über

Italiens Weine geben, in dem der Barolo nicht so oder ähnlich geschildert wird. Der Barbaresco blieb lange Zeit im Windschatten seines berühmten Nachbarn. Noch vor nicht allzu langer Zeit galt er sogar als dessen kleiner Bruder. Es ist weniger als 20 Jahre her, daß sich hier ein grundlegender Wandel abgezeichnet hat. Nun gilt er dem Barolo als ebenbürtig und für einige sogar als der bessere, weil angeblich feiner und nuancenreicher.

Barolo und Barbaresco zählen zu den großen Rotweinen der Welt. Beide werden aus der Rebe Nebbiolo gekeltert und stammen aus dem südlichen Piemont, in der Nähe des Städtchens Alba, und haben ihren Namen von zwei kleinen Orten im Zentrum des jeweiligen Anbaugebiets. Ungeachtet ihres Rufes sind es junge Weine kaum mehr als hundert Jahre alt. Bekannt für gute Weine war das Gebiet schon lange zuvor, doch es fehlten die Kenntnisse, um sie an die Spitze zu führen. Mit dem Wissen um die richtige Weinbereitung begann ihr Aufstieg. Der Barolo brauchte nur wenige Jahre, dem Barbaresco gelang es erst in den letzten Jahrzehnten, als einer der besten Weine Italiens Anerkennung im In- und Ausland zu finden.

Barolo und Barbaresco als Wein

Barolo und Barbaresco sind reinsortige Weine aus der Rebe Nebbiolo. Bekannt und geschätzt war sie schon früher, die eigentliche Beschäftigung mit ihr begann erst im vergangenen Jahrhundert. Seitdem ist sie Gegenstand zahlreicher Untersuchungen gewesen. Ihnen ist zu entnehmen, daß sie sehr gute Lagen benötigt, während der Blütezeit recht empfindlich ist, gut, wenn auch nicht sehr gleichmäßig trägt, anfällig ist gegenüber starken Temperaturschwankungen und relativ robust gegen Schädlinge. Sie zählt zu den spät reifenden Sorten und wird in der Regel Mitte bis Ende Oktober gelesen, teils sogar bis in den November hinein. Dies ist auch die Zeit der Nebel (nebbia), von der der Name der Rebe abgeleitet ist.

Eine Rebe und ihre Variationen

Was aber die Ampelographen - so werden jene genannt, die sich dem Studium der Reben widmen - zur Verzweiflung treibt, ist ihr uneinheitliches Erscheinungsbild. Je nach Standort sieht sie unterschiedlich aus und hat etwas andere

Eigenschaften. Nicht umsonst erwähnen die Produktionsstatuten drei Varianten – Lampia, Michet, Rosé – und lassen nur diese zu. Nur ist es nicht leicht, sie deutlich zu unterscheiden. Bereits 1839 fiel dies dem ersten gründlichen Beschreiber des Nebbiolo, Gallesio, auf, und er sprach davon, daß »es nichts Schwierigeres gibt, als den Unterschied und die Identität der jeweiligen Trauben festzustellen«.

Als zu Beginn der 60er Jahre von der Weinfachschule Alba anläßlich der Vorbereitungen für das DOC-Statut Untersuchungen in dieser Frage vorgenommen wurden, blieb am Ende wenig mehr als Unklarheit. Roberto Macaluso, der als junger Önologe damals mit der Untersuchung beauftragt war, weiß zu berichten, daß man damals zu dem Schluß gekommen sei, daß es zumindest in der überlieferten Form keine Varianten gebe. Was allerdings zuträfe, sei die erstaunliche Fähigkeit, sich den Lagen anzupassen und zahllose Varianten hervorzubringen. Man könne z. B. eine von ihnen anpflanzen, und nach einigen Jahren ließe sie sich von den anderen nicht mehr unterscheiden.

In der Praxis spielt dies Thema keine allzu große Rolle. Bei Neuanpflanzungen wird ihm keine besondere Aufmerksamkeit geschenkt, übrigens auch nicht durch die Rebschulen, von denen die Reben bezogen werden. Gegenwärtig läuft ein größerer Versuch, der von der agrarwissenschaftlichen Fakultät der Universität Turin unter der Leitung von Professor Italo Eynard betreut wird. Er beschäftigt sich mit der Anpassung verschiedener Varianten an unterschiedliche Bodenverhältnisse und hat eine Klonenselektion einzelner Arten des Nebbiolo zum Ziel. Unausgesprochen scheint man die frühere Aufteilung ad acta zu legen.

In Anbetracht dieser Situation ist einige Skepsis angebracht, wenn ein Winzer behauptet, er mache seinen Barolo zu 100 Prozent aus Michet - die als besonders wertvoll gilt - oder wenn er präzise die Anteile nennt. Ersteres gilt übrigens unter seriösen Winzern als beliebte Irreführung von Touristen, und sie sagen, so etwas könne es gar nicht geben. Niemand kann gegenwärtig guten Gewissens von sich behaupten, daß in seinem Weinberg eine Unterart sich präzise von den anderen unterscheiden läßt.

Klimaanfälliger Nebbiolo

Nicht die geringsten Schwierigkeiten für das Verständnis italienischer Weine hierzulande gehen auf die Vorstellungen über das italienische Klima zurück. Italien gilt für die meisten als einzig sonnendurchflutetes Land, in dem die Zitronen blühen. Entsprechend sind die Weine eben so, wie sie in sonnendurchzogenen Gebieten bekanntlich sind: schwer und säurearm.

Demgegenüber ist auf die elementare Tatsache hinzuweisen, daß nur wenige europäische Länder so viele verschiedenen Klimazonen aufweisen wie Italien. Praktisch alles ist vorhanden: von trocken und wüstenähnlich über sehr feucht und warm bis hin zu ausgeprägten Wintern mit Schnee und tiefen Temperaturen. Schon hierauf fußen große Unterschiede der einzelnen Weine. Als erste Annäherung an Barolo und Barbaresco sei erwähnt, daß ihr Anbaugebiet ungefähr auf der Höhe von Bordeaux liegt. Im Sommer ist die Temperatur zwar hoch, aber es ist nicht sehr heiß. Frühjahr und Herbst sind als Übergangszeiten sehr ausgeprägt, und im Winter sind niedrige Temperaturen die Regel. Nur in wenigen Jahren fällt kein Schnee.

Auch die Niederschläge entsprechen denen gemäßigter Breitengrade. Anders als in tropischen Zonen, wo sie sich auf einen kurzen Zeitraum konzentrieren, ist die Verteilung relativ gleichmäßig mit besonderen Stärken im Winter und im Frühjahr.

Für alle Piemonteser Weine folgt daraus, daß sie bouquetbetont und säurereich sind. Die Reben haben nämlich wie sonst auch in gemäßigten Regionen eine lange Reifeperiode.

Einige sind sogar ausgesprochen spätreifend und werden erst im Oktober gelesen. Neben dem Nebbiolo ist das z.B. der Barbera, die am weitesten verbreitete Rotweinrebe des Piemont.

Hinzu kommen große Schwankungen, d.h. kaum ein Jahr gleicht dem anderen. Sei es, daß die Durchschnittstemperatur niedriger ist oder der Verlauf der Niederschläge unterschiedlich ausfällt.

Vor allem letzteres ist für den Nebbiolo von großer Bedeutung. Regnet es z.B. im September länger als eine Woche oder gar kurz vor bzw. während der Ernte, ist mit Sicherheit kein großer Jahrgang zu erwarten. Wenn es eine sinnvolle Jahrgangstabelle gibt, dann deshalb für den Piemont.

Die Gemeinden: profilgebend vor allem bei Barolo

Nicht einmal 1200 Hektar umfaßt das Anbaugebiet des Barolo, sogar weniger als 500 das des Barbaresco. Dennoch gibt es beträchtliche Unterschiede, die zwar die Konturen nicht verwischen, aber mehr sind als nur unwesentliche Schattierungen. Sie betreffen etwa Alkoholgehalt, Säure, Tannin, Frucht und Bouquet, mithin alle Elemente, die einen Wein bestimmen.

Ein Beispiel aus einem berühmten Weinbaugebiet, dem Bordelais. Dort spielt neben der teils variierenden Rebzusammensetzung auch die Unterzone eine Rolle. So sind Bordeaux-Gewächse aus der Gemeinde Listrac oder St. Estèphe tanninbetonter und (in der Jugend) härter als jene aus Margaux, von den dreien unterscheidet sich wiederum Pauillac durch einen eigenen Stil.

Beim Barolo lassen sich die Stile anhand der Gemeinden einteilen, selbst wenn sich die Unterscheidungsmerkmale in den Randgebieten verwischen. Hier nun kurz die einzelnen Orte und ihre Charakteristika.

▷ **La Morra:** Feine Barolos mit einem relativ milden, nicht aggressiven Tannin. Sie reifen bereits nach einigen Jahren und nehmen dann eine gewisse Samtigkeit an. Das Bouquet erinnert leicht an Laub und Tabak.

▷ **Barolo:** Die namensgebende Gemeinde bringt in ihren besten Lagen sehr feine Barolos hervor, die ein sehr ausgeprägtes Gleichgewicht von Tannin, Säure und Frucht haben.

▷ **Castiglione Falletto:** Die Barolos haben in ihrer Jugend ein sehr deutliches Tannin, das gleichzeitig sehr hart sein kann. Die Säure ist relativ hoch und die Fruchtkomponente ausgeprägt.

▷ **Monforte:** Die dortigen Barolos sind erkennbar an ihrem teilweise mächtigen Körper und einem deutlichen »Teer«-Geschmack bereits in jungen Jahren (Goût de goudron).

▷ **Serralunga:** Barolos mit einem überaus mächtigen Tannin, das im Unterschied zu Castiglione Falletto und Monforte sehr trocken ist. Die Weine der drei letztgenannten Gemeinden gelten als die haltbarsten.

Diese Unterschiede gehen auf die geologischen Verhältnisse zurück. Barolo und La Morra haben eine ähnliche Bodenstruktur, bläulicher Mergel mit einem hohen Anteil an Magnesium- und Kaliumoxyd, der für einen niedrigeren Alkoholgehalt, mehr Bouquet, eine gewisse Samtigkeit und eine frühere Reife verantwortlich ist. In Castiglione Falletto, Monforte und Serralunga ist der Eisengehalt höher, die Säure liegt etwas niedriger, ebenso der Tonanteil. Ein Barolo aus diesen Gemeinden ist robuster, voller, langlebiger.

Dieses klargeschnittene und bekannte Profil einzelner Gemeinden läßt sich beim Barbaresco nicht wiederfinden. Der Boden weist eine relativ gleichmäßige Struktur auf. Im Vergleich zum Anbaugebiet des Barolo ist er etwas saurer, hat einen höheren Anteil an Ton und ist weniger eisenhaltig. Dennoch gibt es unterschiedliche Stile. Es empfiehlt sich eine Orientierung an bekannten Lagen, wobei die traditionellen wie Asili, Rabajà oder Montestefano von verschiedenen Erzeugern bearbeitet werden, nur wenige Positionen werden hingegen von einem einzigen Winzer gemacht.

Auch beim Barbaresco gibt es tanninbetonte, mächtige auf der einen Seite und feine, fruchtige auf der anderen. Hier nun die wichtigsten der jeweiligen Gruppen:

▷ Fein, fruchtbetont, früher reifend: Asili, Rabajà, Martinenga, Curà, Sorì Tildin

▷ Tanninbetont, mächtiger: Santo Stefano, Gallina, Montestefano, Moccagatta

Barolo und Barbaresco – der Unterschied

Es bleibe dahingestellt, ob bei einem Vergleich ohne Kenntnis des Etiketts beide Weine stets erkannt werden oder erst dann, wenn sie für sich allein stehen. Vermutlich werden nicht wenige angesichts eines Barbarescos aus einer kräftigen Lage auf einen Barolo tippen und umgekehrt bei einem eher leichten Barolo auf einen Barbaresco. Sind das schon Verwirrungen, die von den unterschiedlichen Böden der jeweiligen Anbaugebiete hervorgerufen werden, so wird die Sache noch schwieriger, wenn man sich die Methoden der Weinbereitung ansieht. Ein moderner Barolo kann dabei möglicherweise für einen Barbaresco gehalten werden und umgekehrt ein traditionell gemachter Barbaresco für einen Barolo.

Das bedeutet keineswegs, daß kein Unterschied besteht, wohl aber, daß er nicht immer sofort zu schmecken ist. In der Mehrheit der Fälle ist es natürlich so, daß diejenigen, die nur ein wenig mit den Weinen vertraut sind, sie deutlich erkennen. Einen Barolo aus Castiglione Falletto und einen Barbaresco aus der Lage »Asili« dürften die wenigsten miteinander verwechseln.

Worin liegen aber nun die Unterschiede? Eine erste Annäherung liefern die gesetzlichen Bestimmungen. Abweichungen finden sich in zwei Bereichen: im Alkoholgehalt und in der Mindestausbauzeit. Beträgt die Gradation für den Barolo mindestens 13 Grad, so für den Barbaresco 12,5 Grad. Letzterer darf nach zwei Jahren auf den Markt kommen, der Barolo hingegen erst nach drei Jahren. Die in beiden Fällen gleiche Mindestsäure beträgt fünf Gramm pro Liter. Normalerweise liegen die Säurewerte des Barolo allerdings etwas höher als die des Barbaresco.

Die Bestimmungen sind ein erster Anhaltspunkt für verschiedene Geschmacksbilder. Eine kürzere Ausbauzeit, verbunden mit einem niedrigeren Alkoholgehalt, weist auf einen früher trinkbaren, nicht ganz so mächtigen Wein hin. Das ist es, was den Barbaresco auszeichnet. Er ist bei gleicher Machart und Jahrgang um einige Jahre eher trinkreif, etwas milder, nicht so hart und abweisend wie einige Barolos. Umgekehrt weisen eine höhere Alkoholgradation, verbunden mit einer längeren Ausbauzeit, auf einen voluminöseren Wein hin, der mehr Zeit zum Reifen braucht. Der Barolo ist in der Tat gegenüber dem Barbaresco kräftiger, jünger und oftmals tanninbetonter.

Beide Weine unterscheiden sich zwar in ihrem Charakter, nicht aber in der Qualität. Versteht man darunter Nuancenreichtum, d.h. geschmackliche Vielfalt sowie Struktur und die Verbindung von Tannin und Frucht, stehen sie sich in nichts nach. Welcher vorgezogen wird, ist eine reine Geschmacksfrage.

Obwohl aus der gleichen Rebe gekeltert, unterscheiden sich beide Weine: Der Barolo ist mächtiger, säurebetonter, der Barbaresco milder, feiner, reift etwas früher.

Die (gesetzliche) Gegenwart von Barolo und Barbaresco

Im Jahr 1963 verabschiedete der italienische Staat das erste richtige Weingesetz und legte darin die Rahmenbestimmungen für die Weine mit kontrollierter Ursprungsbezeichnung (DOC) und für die erst später in Kraft tretenden Regelungen der Weine mit kontrollierter und garantierter Ursprungsbezeichnung (DOCG) fest. Gemäß ihrer Bedeutung gehörten Barolo und Barbaresco zu den ersten, die ein entsprechendes Statut erhielten.

Mengenbeschränkung und Ausbauzeit

Die Produktionsvorschriften für beide Weine sind durchaus streng. Die sehr hohe natürliche Mindestgradation von 12 Volumenprozent für den Barbaresco und 12,5 für den Barolo sorgt dafür, daß im Prinzip nur gute Lagen in Frage kommen.

Für den fertigen Wein liegen die Mindestwerte um jeweils ein halbes Grad höher. Der Trockenextrakt darf 23 Gramm nicht unterschreiten. Der Sinn solch hoher Mostgewichte liegt keineswegs in einem vermeintlichen

Alkoholfetischismus. Alle Weine aus der Nebbiolo-Rebe brauchen ein hohes Volumen, um die kräftige Säure im Gleichgewicht zu halten.

Die vorgeschriebenen Höchsterträge können sich international ebenfalls sehen lassen. Sie betragen 80 Doppelzentner Trauben pro Hektar, die Mostausbeute darf höchstens 70 Prozent erreichen. 56 Hektoliter pro Hektar sind also die oberste Grenze. Diese Bemerkung ist vor allem im Vergleich zum französischen System von einiger Bedeutung. Dort wird der Höchstertrag auf drei Arten geregelt. Einmal gibt es einen sogenannten Grundertrag, dann einen Jahrgangsstandard und schließlich den tatsächlichen Wert, oberhalb dessen der Wein das Anrecht auf die Bezeichnung verliert. Leider wird oft nur jener Grundertrag angegeben, nicht aber der tatsächlich zulässige. Im Schnitt liegt letzterer um ca. 60 Prozent höher.

Daran gemessen sind die Werte für Barolo und Barbaresco sehr niedrig. Es ist schon eher die Ausnahme als die Regel, wenn mehr als 50 Hektoliter erreicht werden. Das ist seit 1967 gerade viermal vorgekommen. In den meisten Jahrgängen liegt der Gesamtertrag zwischen 35 und 45 Hektolitern.

Die Dauer des Ausbaus wird auf zwei bzw. drei Jahre festgelegt, wobei die Verweildauer im Holz jeweils ein Jahr weniger beträgt. Es muß sich dabei um Kastanien- oder Eichenfässer handeln. Wird diese Lagerzeit überschritten, können die Weine als Riserva oder Riserva speciale angemeldet werden. Vorgeschrieben ist erstaunlicherweise nur die Länge des Ausbaus ingesamt, nämlich drei Jahre für den Barbaresco Riserva, vier Jahre für den Barbaresco Riserva speciale und jeweils ein Jahr mehr beim Barolo. Das heißt, die zusätzliche Lagerzeit kann je nach Stil des Erzeugers im Faß, im Tank oder auf Flasche verbracht werden.

Das Anbaugebiet wurde gegenüber dem in den 20er Jahren festgelegten beträchtlich erweitert. Neben sehr guten Zonen wurden auch solche aufgenommen, die nicht gerade prädestiniert sind für einen guten Barolo. Ansonsten läßt sich sagen, daß die Statuten einen vernünftigen Mittelweg der Überlieferung festgeschrieben haben. Das gilt vor allem für die Verweildauer im Holz, die selbst ein Wein aus schwächeren Jahrgängen ohne Schäden überstehen kann. In diesem Zusammenhang ist darauf hinzuweisen, daß eine lange Zeit im Holz nicht sehr verbreitet war.

Die DOC-Statuten wurden durch die DOCG-Statuten abgelöst. Sie traten für den Barolo ab dem Jahrgang 1980 in Kraft und für den Barbaresco ab dem Jahr 1981. Die wesentlichen Eckdaten wurden beibehalten. Das gilt für den Mindestalkohol, den Extrakt und die Zeitdauer des Ausbaus. Die Riserva speciale wurde abgeschafft. Das Anrecht auf eine Riserva blieb, aber unter den Bedingungen der früheren Riserva speciale, d. h. der Ausbauunterschied zwischen dem normalen Barolo bzw. Barbaresco und der Riserva beträgt nun zwei Jahre.

Die Hektarertragsregelung erhielt eine bedeutende Modifikation. Der ursprüngliche Ertrag wurde auf 52 Hektoliter gesenkt, da bei weiterhin 80 Doppelzentnern die Mostausbeute maximal 65 Prozent erreichen darf. Es ist jedoch nun möglich, 20 Prozent zusätzlich zu ernten, ohne daß das Anrecht auf die Bezeichnung Barolo oder Barbaresco entfällt. Die Zusatzmenge muß als Tafelwein vermarktet werden.

DOCG-Bestimmungen im Überblick

	Barolo	Barbaresco
Rebe:	Nebbiolo	Nebbiolo
Hektarertrag:	52 Hektoliter	52 Hektoliter
Mindestgradation:	Natürlich 12,5°, gesamt 13°	Natürlich 12°, gesamt 12,5°
Extrakt:	23 Gramm	23 Gramm
Ausbauzeit:	3 Jahre, davon 2 im Holz	2 Jahre, davon 1 im Holz
Riserva:	5 Jahre	4 Jahre

Gesetz und Wirklichkeit: Klima als natürlicher Mengenbegrenzer

Die Bewertung eines jeden Weingesetzes muß sich vor allem auf die tatsächliche Umsetzung stützen. Was nützt das beste Gesetz, wenn es nur auf dem Papier Gültigkeit besitzt?

Das wichtigste Problem ist – wie bekanntlich in jedem Anbaugebiet – die Einhaltung der zulässigen Höchsterträge. Die Motive liegen klar auf der Hand. Viele Winzer haben ein Interesse, soviel wie möglich zu produzieren. So ist es auch in den beiden Anbaugebieten von Barolo und Barbaresco gewesen. Von sehr ertragreichen Jahren wie 1979 wird offen gesprochen, daß man sich vor lauter Trauben nicht hat retten können. Überschreitungen um 20, 30 Prozent scheinen damals an der Tagesordnung gewesen zu sein. Mit anderen Worten: Es war relativ einfach, die Bestimmungen zu umgehen. Das sieht mittlerweile anders aus. Die Kontrollen sind schärfer geworden. Zumindest allzu dreiste Überschreitungen werden in der Regel wirkungsvoll unterbunden.

Die wirksamste Kontrolle der zulässigen Höchsterträge bewirkt die Witterung. Wie wenige andere Reben hängt der Ertrag des Nebbiolo vom Verlauf des Wetters ab. Ein sehr trockener, kalter Winter ohne Schnee, Frühjahrsfröste, Hagel oder Regenfälle während der Blüte, sie wirken in die gleiche Richtung: die Menge wird reduziert. Schon in den 70er Jahren hat das zuständige Konsortium dem Rechnung getragen. Der zulässige Ertrag wurde mehrfach nach unten korrigiert. Die Reduktion schwankte zwischen 10 und 30 Prozent. In jenem Jahrzehnt war nur in der Hälfte der Jahrgänge der normale Höchstertrag gültig. Ähnlich in den 80er Jahren. Beim Barolo gab es drei Senkungen des Maximalertrags, beim Barbaresco zwei. Nun sind derartige Herabsetzungen der Höchstmengen auch in den Statuten ausdrücklich vorgesehen.

Eine Neuerung stellt die verbindliche Probe dar. Das heißt, nach dem DOCG-Statut müssen alle Weine vor der Freigabe verkostet werden. Sicherlich ein sinnvolles Konzept, mit dem eine bestimmte Mindestqualität gewährleistet werden soll. Wie hoch die Hürde ist, hängt von den Verkostern ab. Da dem Kreis auch Erzeuger angehören, die Kontrolleure sich also teilweise selbst kontrollieren, sind die Anforderungen nicht sehr streng. Das ist nicht weiter ungewöhnlich, ähnliches läßt sich auch über Deutschland und die Qualitätsweinprüfung sagen. Der einzige Unterschied besteht darin, daß das DOCG-Statut nach eigenem Anspruch besonders guten Weinen vorbehalten sein soll.

Die Erfahrung der letzten zwanzig Jahre hat gezeigt, daß die gesetzlichen Vorschriften mit der Praxis in Einklang gebracht werden können. Vor allem stellen sie einer vernünftigen Entwicklung keine Hindernisse in den Weg. Probleme wie beim DOC-Statut für den Chianti, das z.B. einen hohen Weißweinanteil verpflichtend machte, oder beim DOCG-Statut des Brunello di Montalcino, das nach Ansicht verschiedener Produzenten mit dreieinhalb Jahren eine viel zu lange Faßlagerzeit vorschreibt, gibt es bei Barolo und Barbaresco nicht. Einer Weiterentwicklung und Modernisierung beider Weine steht deshalb nichts entgegen.

Ein allgemeines Problem, das vermutlich hier weniger zum Tragen kommt als bei mengenmäßig größeren Weinen, ist das jedes Weingesetzes. Das Einhalten der Vorschriften garantiert keineswegs einen guten Barolo oder Barbaresco. Es legt Mindeststandards fest, bürgt jedoch nicht für Qualität, verhindert gewiß die gröbsten Fälschungen, aber leider nicht mehr.

Ein radikaler Vorschlag: Gemeindeappellationen

Eine angemessene Lösung wäre etwa, daß gesetzlich zwischen verschiedenen Qualitätsstufen unterschieden würde und das Etikett darüber Auskunft geben könnte.

Dabei wäre an das französische System der Gemeindeappellationen zu denken wie im Bordelais oder in Burgund. Im Bordelais gibt es die normale Appellation Bordeaux Contrôlée und darüber hinaus Graves, Pomerol, Margaux usw. Letztere unterliegen strengeren Vorschriften, u.a. bei dem Alkoholgehalt und den Hektarhöchsterträgen. Erreicht ein Winzer, der im Prinzip Anrecht auf eine Gemeindeappellation hat, keine ausreichende Traubenqualität, so kann er die normale Appellation Bordeaux Contrôlée wählen.

Obwohl in Italien immer wieder solche Vorschläge gemacht werden, liegt die Verwirklichung in weiter Ferne. Die wohl ausführlichste Ausarbeitung in dieser Richtung stammt von dem Präsidenten der regionalen Önothek von Barolo, Teobaldo Cappellano, und befaßt sich mit dem Barolo. Die unterste Stufe des von ihm jüngst vorgeschlagenen neuen Statuts umfaßt die bisherige Anbauzone. Woher auch immer die Trauben innerhalb dieses Anbaugebietes stammen, ist ein Mindestalkoholgehalt von 12 Grad gegeben und wird der Wein zwei Jahre ausgebaut, hat er Anrecht auf die Bezeichnung »Barolo«.

Des weiteren sieht Cappellanos Vorschlag folgende Bezeichnungen vor:

▷ Weine, deren Trauben aus einer einzigen Gemeinde stammen, einen Alkoholgehalt von mindestens 12,5 Grad haben und eine Mindestlagerzeit von drei Jahren, haben das Anrecht auf den Gemeindenamen, etwa La Morra, gefolgt von dem Wort »Barolo«.

▷ Weine, deren Trauben aus nur einem Teil einer Gemeinde bzw. einer besonderen Lage kommen, einen Alkoholgehalt von mindestens 13 Grad gewährleisten sowie eine Mindestlagerzeit von drei Jahren haben, haben das Anrecht auf den Namen dieses Herkunftsgebiets, gefolgt von dem Wort »Barolo«.

▷ Weine, deren Trauben nur von einem Gut kommen, einen Alkoholgehalt von mindestens 13,5 Grad aufweisen sowie eine Mindestlagerzeit von vier Jahren, haben Anrecht auf die Bezeichnung des Gutes, gefolgt von dem Wort »Barolo«.

Barolo und Barbaresco in Zahlen

Die folgenden Zahlen sollen einen Überblick über die Größenverhältnisse unter verschiedenen Aspekten geben.

An der globalen Entwicklung seit 1967 fällt auf, daß die Erzeugung insgesamt um ca. 50 Prozent gestiegen ist. Wichtigste Ursache hierfür ist, daß immer mehr Winzer ihre Weinberge in das Rebkataster von Barolo oder Barbaresco haben einschreiben lassen. Die eingetragene Anbaufläche stieg beim Barolo von knapp 650 (1967) auf knapp 1180 Hektar (1988), beim Barbaresco von 190 auf knapp 490 Hektar.

Es muß allerdings auf ein Problem der Produktionszahlen hingewiesen werden. Sie ergeben sich aus der in dem betreffenden Jahr von den Winzern angemeldeten Traubenproduktion. Der Rest ist einfaches Rechnen. Produktion mal vorgeschriebene Mostausbeute sind x Hektoliter Wein und damit y Flaschen zu 0,75 Liter. Dabei beträgt die Mostausbeute für Barolo ab 1980 und für Barbaresco ab 1981 65 Prozent, zuvor waren es für beide 70 Prozent. Ob tatsächlich jedes Kilogramm Trauben am Ende als Barolo oder Barbaresco vermarktet wird, ist damit nicht gesagt. Sicher ist nur, daß die Zahl aus den verschiedensten Gründen um einiges niedriger sein wird. Zum Beispiel, weil der Winzer Geld braucht und seinen Wein nicht gänzlich drei Jahre lang ausbaut, sondern zuvor als Tafelwein verkauft. Oder er preßt sehr sanft und erzielt nur eine

Die Rebe Nebbiolo, aus der Barolo und Barbaresco gemacht werden. Besonders deutlich hier ihre Kennzeichen: mittelgroße, kompakte Traube, kleinbeerig.

Barolo und Barbaresco haben eine gute Konjunktur. Alte Rebbestände, die nicht mehr genügend tragen, werden durch neue Anlagen ersetzt.

Die Langhe im Herbst. Typisch für die Jahreszeit ist der leicht diesige Hintergrund. Im Spätherbst und Winter herrscht oft dichter Nebel.

Schon an der Farbe der Blätter zu erkennen: zuerst reift der Dolcetto, dann der Barbera, zuletzt der Nebbiolo.

Mostausbeute von 60 Prozent. Bei qualitätsbewußten Gütern wird nicht selten eine Partie nachträglich deklassiert, weil sie den eigenen Ansprüchen nicht genügt. Eine präzise Zahl der tatsächlich erzeugten Menge gibt es daher nicht.

Produktionsentwicklung in Millionen Flaschen (gerundet)

Jahr	Barolo	Barbaresco
1967	4,54	1,27
1980	7,24	3,14
1981	6,23	2,76
1982	7,48	3,04
1983	7,48	3,22
1984	4,31	1,41
1985	7,26	2,66
1986	3,71	2,67
1987	6,32	2,58
1988	6,71	2,36

Welche Rolle – zumindest der Fläche nach – derzeit die einzelnen Gemeinden spielen, zeigen die folgenden Tabellen.

Die Barbaresco-Gemeinden

Gemeinde	Güter	Rebfläche in Hektar	Rebfläche in Prozent
Alba	21	25,90	5,29
Barbaresco	132	217,68	44,45
Neive	230	150,28	30,68
Treiso	99	95,90	19,58
Gesamt	482	489,76	100,00

Die Barolo-Gemeinden

Gemeinde	Güter	Rebfläche in Hektar	Rebfläche in Prozent
Barolo	139	149,98	12,72
Castiglione Falletto	93	102,74	8,72
Cherasco	1	1,26	0,11
Diano d'Alba	8	17,10	1,45
Grinzane Cavour	51	29,23	2,48
La Morra	372	380,94	32,32
Monforte d'Alba	185	193,71	16,43
Novello	62	45,83	3,89
Roddi	22	10,48	0,89
Serralunga d'Alba	149	197,37	16,74
Verduno	81	50,06	4,25
Gesamt	1163	1178,70	100,00

Barolo und Barbaresco zählten zu den ersten Weinen, die 1967 DOC-Status erhielten, und sie gehörten auch zu den ersten DOCG-Weinen. Festgelegt werden in den Statuten u.a. Mindestalkoholgehalt, Hektarertrag und Ausbauzeit mit Werten, die sich international sehen lassen können. Daß die Rebe Nebbiolo, aus der sie gekeltert werden, klimaempfindlich ist, wirkt als zusätzliches Korrektiv. Gemessen am Ruf ist die Produktion gering: bei selten mehr als fünfzig Hektoliter pro Hektar insgesamt rund drei Millionen Flaschen Barbaresco und sieben Millionen Flaschen Barolo in mengenmäßig guten Jahren.

Die Langhe – ein Wein-Portrait

Auffällig bei einer näheren Beschäftigung mit dem Anbaugebiet von Barolo bzw. Barbaresco sind die Größenverhältnisse. Besser gesagt: wie klein der Durchschnittsbetrieb hier ist, nämlich rund ein Hektar. In der Toskana sind Güter mit mehr als 50 Hektar zwar nicht die Regel, aber keine große Ausnahme. In der Langhe sind es gerade vier, und keines kommt auf mehr als 100 Hektar unter Reben. Der größte Betrieb in Familienbesitz gehört *Gaja* und umfaßt nach einem Kauf 1988 gegenwärtig knapp 90 Hektar. Auch hier eine Zahl aus der Toskana. Allein Villa Banfi hat rund 800 Hektar unter Reben.

Die große Zersplitterung

Als groß gilt in der Langhe bereits ein Weinbergbesitz zwischen zehn und zwanzig Hektar. Bekannte Namen in dieser Gruppe sind *Migliorini, Aldo Conterno, Cordero di Montezemolo.* Bei solchen Angaben ist noch zu berücksichtigen, daß es sich um die gesamte Fläche unter Reben handelt, von der nur ein Teil auf Nebbiolo für Barolo bzw.

Barbaresco entfällt, der Rest ist mit Barbera, Dolcetto und neuerdings auch weißen Reben bestockt.

Die Ursache für die Zersplitterung liegt im wesentlichen darin, daß im Piemont der freie Bauer deutlich häufiger war als in anderen landwirtschaftlichen Gebieten Italiens. In der Toskana waren große Betriebe die Regel, in denen Bauern im System der Halbpacht den Boden bewirtschafteten, ohne eigenes Land zu besitzen. In der Langhe gab es zwar auch große Güter im Besitz adliger Familien, sie wurden jedoch bereits Ende des 19. Jahrhunderts aufgelöst.

Es wird unmittelbar einleuchten, daß bei einer Rebfläche von einem Hektar oder weniger der Besitzer nicht vom Wein leben kann. Das heißt, es handelt sich um Nebenerwerbswinzer oder aber - und das ist bei dieser Größe die Regel - um Bauern, die ihre Trauben verkaufen.

Weit verbreitet: Verarbeitung von Fremdtrauben

Eine Besonderheit der Langhe ist die Tatsache, daß es fast üblich ist, Weine aus gekauften Trauben zu keltern. Der betreffende Weinerzeuger besitzt keine Weinberge, sondern nur einen Keller mit dem technischen Instrumentarium der Weinbereitung. Das ist nicht ganz so ungewöhnlich, wie es sich auf den ersten Blick lesen mag. In Burgund kaufen renommierteste Häuser Wein und bauen ihn nur aus. In Italien ist es hingegen sehr selten und noch seltener ist, daß Spitzenerzeuger keinen Weinberg haben.

Der Vorteil, auf Weinberge zu verzichten, ist natürlich die größere Flexibilität beim Kauf. Selbst bei langjährigen Geschäftsbeziehungen zwischen Traubenerzeuger und -käufer gibt es kaum die Verpflichtung, in jedem Jahr die Trauben abzunehmen, zumindest nicht in schriftlicher Form. Der Vorteil – natürlich nur seitens des Weinerzeugers – liegt u.a. darin, daß er einen schlechten Jahrgang nicht machen muß. Auf jeden Fall kommt es preiswerter, wenn Trauben gekauft und nicht im eigenen Weinberg produziert werden. Kleine Traubenerzeuger setzen die eigene Arbeitszeit nicht entsprechend als Kostenfaktor an. Zudem entfallen, da es sich meist um einen Nebenerwerb handelt, die Kosten der Sozialversicherung.

Der Nachteil ist, daß ein Bauer, der vom Traubenverkauf lebt, verständlicherweise am Erlös interessiert ist. Und da jener sich trotz allen gegenteiligen Behauptungen zuerst und hauptsächlich nach der Menge richtet, sind die Erträge höher als bei einem qualitätsbewußten Winzer, der seine eigenen Trauben erzeugt. Kommen solche Winzer teils auf einen Hektarertrag von 40 Hektoliter und weniger, so ist das mit Sicherheit bei keinem Betrieb, der Trauben verkauft, der Fall. Ähnliches gilt für die Behandlung im Weinberg, im Regelfall wird mehr an Dünger und chemischen Behandlungsstoffen eingesetzt, als der qualitätsorientierte Winzer für gut hält.

Das heißt nicht, daß ein Wein aus gekauften Trauben in jedem Fall schlechter sein muß. Es heißt aber, daß die Wahrscheinlichkeit für gute Qualität geringer sein wird und sehr genau ausgewählt werden muß. Die prominentesten Winzer, die überwiegend Weine aus gekauften Trauben herstellen, sind *Giacosa, Vietti, Prunotto*. Von ihnen ist bekannt, daß sie eine sehr gute Kenntnis des Traubenmarktes haben und zum anderen bereit sind, für Qualität mehr zu zahlen.

Zahlreiche Betriebe kaufen nur einen Teil der Trauben, sie machen darüber hinaus auch Wein aus eigenen Weinbergen. Dabei kann der eigene Weinbergsbesitz gering sein, so bei *Giacosa* oder *Vietti.* Dann gibt es solche, die nur als Ergänzung zukaufen. Einige streben an, den Anteil der zugekauften Trauben nach und nach zu reduzieren. Das prominenteste Beispiel ist *Mauro Mascarello*, der – zumindest bei Barolo – sich in einigen Jahren ausschließlich auf den eigenen Weinberg beschränken will. Eine aufmerksame Lektüre des Etiketts mag übrigens in vielen Fällen Aufklärung über die Herkunft der Trauben verschaffen. Steht dort *Azienda Agricola, Castello, Podere* oder *Imbottigliato dal produttore*, handelt es sich um Erzeugerabfüllungen, der Wein ist aus eigenen Trauben entstanden. Ist demgegenüber *Casa Vinicola* zu lesen, kauft der Betrieb Trauben oder Wein. Bei den Brüdern *Ceretto* wird dies besonders deutlich. Sie haben beides: *Azienda Agricola* und *Casa Vinicola.*

Das Risiko derjenigen, die Trauben kaufen müssen, ist die Entwicklung des Traubenmarktes. Ist die Menge knapp, müssen sie mit hohen Preissteigerungen von einem auf das andere Jahr rechnen. Für einige Traubenarten ist das in den letzten Jahren zumindest zeitweise der Fall gewesen, weniger allerdings beim Nebbiolo für Barolo und Barbaresco. Da die Weine relativ teuer sind, spielt der Traubenpreis als Kostenfaktor eine geringere Rolle als etwa bei den Weißen oder dem Dolcetto, die im Jahr nach der Ernte auf den Markt kommen. Weit größer können die Schwierigkeiten zumindest auf lange Sicht werden, wenn sich die Traubenerzeuger aus hervorragenden Lagen entschließen, selbst Wein zu machen oder die Weinberge zu verpachten bzw. zu verkaufen.

Die Crus: Trend zum Einzellagenausbau

Eine der auffälligsten Entwicklungen der letzten dreißig Jahre läßt sich bereits am Etikett ablesen. In den 50er Jahren gab es über Barolo und Barbaresco hinaus keine nähere Herkunftsbezeichnung. Vereinzelt vermerkten zwar Winzer, daß sie im Besitz dieser oder jener hochwertigen Lage seien, aber in den betreffenden Fällen kam der Wein nicht von dort, sondern war ein Verschnitt aus den Trauben mehrerer Weinberge. Damit ist nicht gesagt, daß die Unterscheidung zwischen guten und schlechten Positionen nicht geläufig gewesen wäre. Das Gegenteil dürfte der Fall gewesen sein. In kaum einem anderen Anbaugebiet Italiens war dies so früh bekannt. Man wußte auch, daß ganze Gemeinden einen mehr oder weniger deutlichen eigenen Stil hatten. Selbst Unterschiede zwischen nahe beieinanderliegenden Weinbergen waren geläufig. Etwa, daß ein paar 100 Meter weiter der Barolo mehr Kraft hat, es ihm dafür aber an Bouquet mangelt usw.

Daß gleichwohl nicht getrennt nach Lagen ausgebaut wurde, entspricht eher der Vorstellung, daß ein richtiger Barolo die Vorzüge der verschiedenen Herkünfte in sich vereinen sollte. Etwa das Tannin und die Kraft von Serralunga, gepaart mit der Geschmeidigkeit und dem Bouquet derer aus Barolo.

Die Idee zum Ausbau von Einzellagen kam Ende der 50er, Anfang der 60er Jahre auf und war – wie so vieles – von dem französischen Beispiel inspiriert. Als die ersten so ausgebauten Weine auf den Markt kamen, wurde bald deutlich, daß entgegen der Vermutung der Traditionalisten das Ergebnis im Regelfall besser war, als wenn man die

Weine verschnitten hätte. Man könnte es auch so ausdrücken: Die besonderen Eigenschaften der Lagen werden durch das Verschneiden gleichsam neutralisiert und anonymisiert. Jedenfalls setzte der Siegeszug des getrennten Ausbaus in den 70er Jahren ein und verstärkte sich zum Ende des Jahrzehnts.

Die unbestrittenen Pioniere waren *Beppe Colla* von *Prunotto* und *Renato Ratti*. Bereits Mitte der 50er Jahre hatte Colla die Idee des getrennten Ausbaus, traute sich aber nicht so recht. Der letzte Anstoß kam, wie so häufig, von dem bekannten Weinjournalisten Luigi Veronelli (der u.a. den Klassiker »Weine Italiens« herausgibt mit Drei-Sterne-Wertung). Der erste Jahrgang war der sehr gute 61er, Colla versuchte sich gleich an der ganzen Palette von Dolcetto und Barbera über Nebbiolo bis hin zu Barolo und Barbaresco. Seitdem vinifiziert er praktisch alle Weine getrennt nach Lagen, hat aber die eine oder andere gewechselt, weil die Trauben zwar gut waren, aber der Wein nicht den Erwartungen entsprach. Nur praktisch alle, da hierfür nur sehr gute Trauben Verwendung finden, der Rest landet im normalen Wein ohne Cru-Angabe.

Bald darauf folgte ihm Renato Ratti. Da er gleichzeitig publizistisch tätig war, verschaffte er dem Lagenkonzept frühzeitig die notwendige Öffentlichkeit. Von ihm stammt auch die erste Karte, in der die besten Lagen eingetragen sind, wohl die erste für den italienischen Wein überhaupt.

Nach und nach vollzogen weitere Erzeuger die Wende zum getrennten Ausbau. Hingen ihm bis Mitte der 70er Jahre nur Pioniere an, so ist er zehn Jahre später alltäglich geworden. In den 60er Jahren waren es neben den genannten z.B. noch *Bruno Giacosa, Ceretto,* die Genossenschaft *Produttori del Barbaresco* sowie *Gaja.*

Bis vor wenigen Jahren wurden nur die Trauben der besten Weinberge getrennt ausgebaut bzw. auf dem Etikett hierauf hingewiesen. Das heißt, die Lagenbezeichnung war dem besten Barolo oder Barbaresco des Gutes vorbehalten. Hatte es nicht nur sehr gute Lagen, wurden zwei Arten von Barolo oder Barbaresco erzeugt: neben dem aus der Einzellage auch ein normaler, der im Unterschied zu ersterem keine Angabe des Weinbergs auf dem Etikett aufwies. Wie sehr der Lagenwein als der bestmögliche galt, wurde in schwächeren Jahrgängen deutlich. Einige Winzer deklassierten ihn zum normalen Wein. Mehrere Erzeuger verfahren übrigens noch heute so, was Jahrgang und den besten Weinberg anbelangt.

Inzwischen ist die Angabe einer Lage auf dem Etikett nicht mehr gleichbedeutend mit einem Qualitätsurteil. Es setzt sich immer mehr durch, daß jeder Barolo oder Barbaresco durch eine genaue Herkunftsangabe gekennzeichnet wird. Bei vielen Erzeugern ist auf diese Weise im Laufe der Jahre der normale Wein ganz einfach verschwunden. Der Verbraucher wird deshalb sehr genau wissen müssen, wie eine Lage einzuschätzen ist.

Charakteristisch für die Langhe: die Betriebe sind klein, viele Kleinbauern verkaufen ihre Trauben, und das Bewußtsein, daß die Weine je nach Lage unterschiedliche Kennzeichen haben, ist bei den Erzeugern von Barolo und Barbaresco besonders ausgeprägt.

Langhe: Rebenvielfalt auf kleinstem Raum

Normalerweise werden Weinlandschaften von wenigen Reben oder Weinen geprägt. So herrschen in Burgund beispielsweise Pinot Noir und Chardonnay oder Bordelais von Cabernet Sauvignon und Merlot vor. Ähnliches gilt in Italien für die Toskana. Ob Chianti, Brunello di Montalcino, Vino Nobile di Montepulciano oder Carmignano, alle diese Weine werden überwiegend aus Sangiovese gemacht.

Piemont könnte in dieser Beziehung als das gelungene Gegenmodell betrachtet werden. Es gibt wenige Weingebiete, in denen auf geringem Raum so verschiedene Reben angebaut und unterschiedliche Weine erzeugt werden.

Da steht einträchtig der in der Jugend abweisende Barolo neben dem früh zu trinkenden Dolcetto, ein in geringen Mengen erzeugter Wein wie der Barbaresco neben dem Barbera, den es in rauhen Mengen gibt, einige haben einen leicht exotischen Touch wie der Grignolino, schließlich sind das Raritäten wie Pelaverga oder Rouchet.

Nebbiolo, Barbera und Dolcetto

Praktisch jedes Gut in der Langhe erzeugt neben seinem Barolo oder Barbaresco noch andere Weine. Meist handelt es sich um Barbera und Dolcetto sowie einen weiteren Wein aus der Nebbiolo-Rebe. Französische Edelreben, die fast überall in Italien an Boden gewinnen, sind demgegenüber nicht sehr verbreitet. Vereinzelt wird Cabernet Sauvignon angepflanzt, häufiger inzwischen Chardonnay, da Piemont mit hochwertigen Weißweinen nicht gerade gesegnet ist.

Mehrere Gründe führen zu dieser - modern gesprochen - Diversifizierung des Angebots. Es ist bereits angesprochen worden, daß der Nebbiolo eine sehr anspruchsvolle Rebe ist. Er gedeiht nur in bestimmten Lagen. Nun haben die wenigsten Winzer allein solche Positionen, sondern auch z. B. etwas weniger der Sonne ausgesetzte. Diese wiederum sind durchaus (besser) geeignet für andere Reben. Hinzu kommt ein ganz handfester Grund vor allem für kleinere Familienbetriebe: Bei Reben mit unterschiedlichem Erntezeitpunkt läßt sich der Arbeitskräfteeinsatz besser verteilen, es müssen weniger Leute eingestellt werden. Für ein typisches Gut in der Langhe ergibt das folgenden Verlauf: Der Dolcetto ist meist Mitte September soweit, Ende September/Anfang Oktober folgt der Barbera und schließlich der Nebbiolo für Barolo oder Barbaresco im Oktober.

Nicht zuletzt sprechen auch die unterschiedlichen Charakteristika im Glase und im Ausbau für die Kombination Barolo/Barbaresco mit Dolcetto und Barbera. Der Dolcetto ist am ehesten trinkreif und schmeckt am besten in seiner frühen Jugend. Der Barbera braucht etwas länger und liegt im Ausbau und im Reifeverhalten zwischen Dolcetto und Barbaresco.

Die Weine, von denen bislang die Rede war, werden rebsortenrein ausgebaut. Das Verschneiden verschiedener Reben zu einem gemeinsamen Wein ist der Tradition der Langhe fremd. Es gibt sie zwar, aber nur als Ausnahme. Lediglich ein Barbera mit etwas Nebbiolo verschnitten war früher gebräuchlich. Jede Rebe getrennt ausgebaut bringt hier die besten Ergebnisse.

Nebbiolo – Von »Nebbiolo d'Alba« bis »Roero«

Ein Beleg, wie sehr die Rebe Nebbiolo sich dem Boden und dem Kleinklima anpaßt und jeweils unterschiedliche Ergebnisse hervorbringt, ist der Nebbiolo d'Alba. Sein eigentliches Zentrum liegt im Roero, doch dies ist nicht weiter vom Anbaugebiet des Barbaresco entfernt als jenes von dem des Barolo.

Der typische Nebbiolo aus dem Roero ist ein fruchtbetonter, geschmeidiger, früh zu trinkender Wein, mithin recht andere Eigenschaften, als sie Barolo und Barbaresco aufweisen. Ursache hierfür sind die sandigen Böden. Die Mindestgradation und die Ausbauzeit vor der Freigabe sind entsprechend geringer. 12 Volumenprozent für den fertigen Wein werden gefordert, und der Wein darf bereits nach einem Jahr auf den Markt kommen. Ein Ausbau im Holz ist nicht vorgeschrieben. Der Hektarertrag liegt mit 63 Hektolitern pro Hektar etwas höher als für Barolo und Barbaresco.

Das Statut sieht noch zwei andere Versionen vor, nämlich einen Wein mit Restsüße sowie einen Schaumwein. Es ist das einzige, das die frühere Tradition eines süßen Nebbiolo aufgenommen hat.

Heutzutage wird die süße Version praktisch nicht mehr hergestellt, ganz zu schweigen von einem Schaumwein aus Nebbiolo.

Der Nebbiolo d'Alba krankt allerdings daran, daß das Anbaugebiet sehr unterschiedliche Weine hervorbringt. Neben dem Roero gibt es kleinere Gebiete, die in die Barolo- und Barbarescozone hineinreichen. Dort gewinnt er kein eigenständiges Profil, wird eher zum kleinen Barolo oder Barbaresco.

Vor einiger Zeit hat der Gesetzgeber daraus die Konsequenz gezogen und einen DOC-Wein geschaffen, nämlich den Roero. Dieser sieht 98 Prozent Nebbiolo vor und unsinnigerweise zwei Prozent des weißen Arneis.

Was damit bezweckt werden soll, ist nicht nachvollziehbar, denn die winzige Menge Arneis ändert wohl kaum einen Wein, sorgt aber dafür, daß er schon aus diesem Grund nicht sehr attraktiv für hochwertige Erzeuger ist. Wenn man schon beim Chianti den Weißweinanteil praktisch abgeschafft hat, so ist es schlichtweg anachronistisch, ihn in ein kürzlich verabschiedetes DOC-Statut aufzunehmen. Jedenfalls betont das Statut den Typus des früh zu trinkenden Weins, da anders als beim Nebbiolo d'Alba keine Mindestlagerzeit vorgeschrieben ist. Die natürliche Mindestgradation liegt bei nur 11 Volumenprozent, die für den fertigen Wein bei 11,5. Die besten Nebbiolos aus dem Roero, etwa von *Prunotto, Ratti, Giacosa* und *Mauro Mascarello*, kommen deshalb weiterhin als Nebbiolo d'Alba auf den Markt.

Barbera – Früher dem Barolo fast gleichgestellt

Ein typischer Piemonteser, vielleicht sogar der typische Wein der Region schlechthin, ist der Barbera. Ein säurebetonter, kräftiger Roter, der vorzüglich zu einem kräftigen Essen paßt. Seine Säure bedarf eines relativ hohen Alkoholgrades, damit sie nicht spitz wirkt. Wie Barolo und Barbaresco ist er deshalb sehr jahrgangsempfindlich und gelingt am besten, wenn das Mostgewicht der Trauben sehr hoch ist. Sein Typus schwankt etwas je nach Anbaugebiet. In der Nähe von Asti erinnert seine Frucht an Kirschen, in der Langhe mehr an Pflaumen. Je nach Herkunft unterscheidet sich auch das Reifeverhalten. Es reicht von jung zu trinkenden, fast süffigen Weinen bis hin – und dieser Stil ist die Regel – zu solchen, die einige Jahre haltbar sind und ab dem zweiten bis vierten Jahr nach der Freigabe am besten schmecken.

Aus dem Barbera werden nicht weniger als sechs DOC-Weine gemacht, z.B. Barbera d'Alba, Barbera d'Asti und Barbera del Monferrato, um hier nur die wichtigsten zu nennen. Das Anbaugebiet des Barbera d'Alba überschneidet sich weitgehend mit dem von Barolo und Barbaresco. Die Produktionsvorschriften sehen einen natürlichen Mindestalkoholgehalt von 11 Volumenprozent vor (12 für den fertigen Wein) sowie einen maximalen Ertrag von 70 Hektolitern pro Hektar. Kürzlich ist die Mindestausbauzeit von einem Jahr weggefallen, er kann bald nach der Ernte freigegeben werden. Das Prädikat Superiore darf der Wein tragen, wenn er mindestens ein Jahr (früher zwei) ausgebaut wird und 12,5 Volumenprozent erreicht. Der Barbera renommierter Erzeuger kommt allerdings wie früher erst nach rund einem Jahr auf den Markt, teils sogar noch später, und wird meist nicht einmal als Superiore bezeichnet.

In Texten, die um die Jahrhundertwende geschrieben wurden, kam der Barbera in der Wertschätzung gleich nach dem Barolo. Das änderte sich nach der Reblauskatastrophe, als er auch in ungeeigneten Lagen angepflanzt wurde. Dort war er zwar produktiv, aber das war alles. Überhaupt wurde ihm seine sprichwörtliche Produktivität zum Verhängnis. Nicht allein, daß er in schlechten Lagen angebaut wurde, die sehr dünne Weine hervorbrachten, ihm wurde auch im Ausbau keine sonderliche Aufmerksamkeit gewidmet. Noch Anfang der 80er Jahre, als er schon längst zum Problem geworden war, waren mehr als 50 Prozent aller im Piemont erzeugten Weine Barbera. Trotz des schlechten Rufes scheinen die Reben erst dann ersetzt zu werden, wenn sie nicht mehr genug tragen.

Den daraus entstandenen Absatzproblemen versuchte man auf verschiedene Weise abzuhelfen. Der radikalste Weg ist, ihn weiß zu keltern. Die Methode hat übrigens Tradition, auch wenn sie in nennenswertem Maße erst seit den 80er Jahren angewandt wird. Einige größere Firmen haben sich zusammengeschlossen, um einen Weißwein auf der Basis von Barbera unter einem gemeinsamen Namen zu vermarkten. Von ihrem »Verbesco« erzeugen sie inzwischen mehrere Millionen Flaschen.

Ein weiterer Schritt zur besseren Vermarktung soll durch eine Zweiteilung erreicht werden. Dem klassischen Barbera wurde ein leicht moussierender, süffiger Typus an die Seite gestellt, mit dem das junge Publikum angesprochen werden soll. Wenn man so will, der Piemonteser Lambrusco. Ob sich dieses Konzept durchsetzt, bleibt hoffentlich fraglich.

In den letzten Jahren ist eine Renaissance festzustellen. Einzelne Erzeuger haben gezeigt, was der Barbera bei optimalen Bedingungen leisten kann. Er ist der häufigste Barriquewein (im jungen kleinen Eichenholzfaß ausgebauter Wein) des Piemonts. Mit Kraft, guter Säure, aber geringem Eigentannin ist er von den Piemonteser Reben am besten geeignet. Auf diese Weise lassen sich nicht nur vorzügliche Weine machen, sondern erstaunlich hohe Preise erzielen.

Der klassische Barbera erlebt gleichfalls eine Renaissance. Vorgegangen wird wie bei jedem guten Wein. Er dient bei den Lagen nicht als Lückenbüßer, sondern erhält ihm gemäße Positionen. Der Ertrag wird gering gehalten. Statt der zulässigen 70 werden Werte zwischen 40 und 50 Hektolitern erreicht. Nicht zuletzt wird er sorgfältig gekeltert und ausgebaut. Schließlich wird ihm Zeit zur Reife gelassen. Wer einen solchen Barbera trinkt, wird nachvollziehen können, warum er einst eine hohe Wertschätzung genossen hat.

Dolcetto – Lieblingskind der Piemonteser

Der Dolcetto ist seit mehreren Jahren das Lieblingskind der Piemonteser. In der Regel verschwindet er als erster von den Preislisten – und rinnt auch als erster durch die durstigen Kehlen. Ein Wein ganz im Trend: jung zu trinken, unkompliziert, mit schöner Farbe und ebensolchem Bouquet. Anders als der Name nahelegt ist er trocken, vorzüglich zu fast jedem Essen geeignet. Angesichts der Nachfrage ist die Menge sehr gering, nicht mehr als rund 10 Millionen Flaschen werden insgesamt als DOC-Weine erzeugt.

Dolcetto gehört zu den nicht seltenen Reben, die entweder nur im Piemont anzutreffen sind oder allein dort sehr gute Ergebnisse erzielen. In kleiner Zahl wird er noch in den benachbarten Regionen Ligurien und Aostatal angebaut. Auch er ist je nach Anbaugebiet leicht verschieden, und der Gesetzgeber hat deshalb nicht weniger als sieben DOC-Zonen anerkannt. Mal ist er fruchtbetonter, mal hat er mehr Körper, in einer anderen Gegend wiederum weniger Säure. Die größten Unterschiede bestehen in der Haltbarkeit. Generell schmeckt er jung am besten, drei Jahre nach der Ernte sollte er getrunken sein. Zu den wenigen Ausnahmen zählt der »Dolcetto di Ovada«, und dort gibt es einen Erzeuger namens *Ratto*, dessen Wein durchaus zehn Jahre erreicht.

Gegenwärtig gibt es zwei Produktionsphilosophien. Mehrheitlich wird er ganz auf einen jung zu trinkenden Wein getrimmt und das Hauptgewicht auf die Fruchtkomponente gelegt. Er wird nur kurz mit den Schalen vergoren, und das bei niedrigen Temperaturen. Bald abgefüllt kommt er spätestens im Frühjahr auf den Markt. Ein solcher Dolcetto ist ungemein süffig, mehr nicht. Er ist eher dem »Beaujolais Primeur« nachempfunden als einem normalen Rotwein. Der zweite Nachteil: Er ist spätestens nach einem Jahr müde.

Andere behandeln ihn hingegen wie einen klassischen Roten. Er wird bei nicht zu niedrigen Temperaturen ungefähr sieben bis zehn Tage mit den Schalen vergoren und kommt frühestens im Spätsommer nach der Ernte auf den

Markt, kurz bevor der neue Jahrgang eingebracht wird. Das heißt, er spürt die Kälte des Winters und die Wärme des Sommers noch im Tank. Einige von diesen Winzern bauen ihn sogar kurze Zeit im Holz aus. Auf diese Weise entsteht ein unter Umständen sehr kräftiger Rotwein mit deutlichem Tannin. Ob mit oder ohne Holz, ein solcher klassischer Dolcetto schmeckt nicht nur eindimensional nach Frucht, sondern ist angemessen vielschichtig. Er fällt auch nicht schon nach kurzer Zeit auf der Flasche in sich zusammen.

Anders als beim Barbera gibt es kaum Dolcettos, die durch das Barrique gehen. Sachlich besteht dazu keine Veranlassung, denn der Dolcetto besticht ja gerade durch seine unmittelbare Fruchtigkeit und Jugendlichkeit, Eigenschaften mithin, die durch einen Barrique-Ausbau verschwänden. Ökonomisch besteht ebenfalls kein Anlaß, da er keine Verkaufsprobleme hat und auch bei einfachen Winzern gute Preise erzielt, die meist deutlich höher als die des Barbera liegen.

Weißweine – Arneis-Renaissance und Chardonnay-Implantation

So verschiedenartige Rotweinreben der Piemont und insbesondere die Langhe aufweist, so sehr mangelt es an Weißen. In ganz Piemont gibt es im Prinzip nur zwei klassische Weißweinreben. Hoch im Norden der Erbaluce, der auch bei großen Anstrengungen vermutlich nur durchschnittliche Weine hervorbringen kann. Im Süden der Cortese, der als »Cortese di Gavi DOC«, kurz »Gavi« genannt, bemerkenswerte Weine hervorbringt. Ein kräftiger, vielschichtiger Körper wird durch eine gute Säure im Gleichgewicht gehalten. In der Langhe sieht es jedoch ausgesprochen ungünstig aus. Oder wie es besser lauten sollte: sah.

Im Laufe der letzten 15 Jahre ist im benachbarten Roero eine Weißweinrebe wiederentdeckt worden, die auszusterben drohte. Die Rede ist von dem Arneis. Er ist ausgesprochen mild, hat einen kräftigen, leicht samtigen Körper, gut gemacht entwickelt er jenseits der Rarität eine ansprechende Qualität. Gab es noch zu Anfang der 70er Jahre wohl gerade drei Erzeuger, die ihn abfüllten, so dürften es heute mehr als fünfzig sein. Gleichfalls stieg die Menge von einigen tausend Flaschen auf inzwischen wahrscheinlich mehr als eine Million. Lange war die Nachfrage deutlich größer als das Angebot. Als Folge stieg der Arneis ständig im Preis, was ihn wiederum attraktiv für Neuanpflanzungen machte. Seit ein Großerzeuger ohne eigene Trauben in größeren Mengen Arneis herstellt, ist es abermals zu einem deutlichen Preissprung gekommen.

Auf dem Markt sind gegenwärtig zwei Vinifizierungsstile anzutreffen, natürlich neben einer Fülle von mehr schlecht als recht gemachten. Die eine Richtung versucht, einen Arneis Typus moderner Weißwein zu machen. Das heißt die Trauben werden früh geerntet, der Wein wird sehr scharf geklärt und mit einiger Kohlensäure abgefüllt. Einem solchen Arneis ist die Herkunft kaum mehr anzumerken. Die andere Richtung versucht, der Rebe weniger Gewalt anzutun und die spezifische Milde, gepaart mit dem samtigen Körper und dem leicht bitteren Abgang, zu erhalten. Einige Winzer experimentieren in jüngster Zeit mit einem leichten Schalenkontakt vor der Gärung, um so noch mehr Aromastoffe der Rebe in den Wein zu transportieren. Mit der Ernte 1989 hat der Arneis DOC-Status erlangt.

Neben der Wiederentdeckung des Arneis hat in den letzten Jahren der Chardonnay Einzug gehalten. Innerhalb kurzer Zeit hat sich das Angebot vervielfältigt. In den 70er Jahren brachte noch kein Winzer einen Chardonnay auf den Markt, zehn Jahre später ist eine Fülle anzutreffen. Die Ergebnisse sind interessant. Den besten Produzenten gelingt es, einen sehr kräftigen, unter Umständen säurebetonten, gleichwohl nicht groben Wein zu erzeugen. Aus dem Chardonnay entstehen schließlich auch einige ausgesprochen hochwertige Weine. Sie gehen - wie sollte es anders sein - durchs Barrique.

In der Langhe gibt es nicht nur Barolo und Barbaresco. Aus der gleichen Rebe werden z.B. auch der Nebbiolo d'Alba und der Roero gekeltert. Weit verbreitet ist der kräftige, säurebetonte Barbera, der ursprünglich hoch angesehen war, dann als Massenträger zum Sorgenkind wurde und dem heute von ehrgeizigen Winzern wieder erhöhte Aufmerksamkeit geschenkt wird. Fast jedes Gut erzeugt den fruchtigen, früh zu trinkenden Dolcetto, das Lieblingskind der Piemonteser ohne Absatzsorgen. Eine alteingesessene Rebsorte wie der weiße Arneis erlebt eine Renaissance, die internationale Rebsorte Chardonnay gewinnt an Boden. Raritäten wie Pelaverga gesellen sich hinzu. Nur wenige Gebiete weisen eine solche Vielfalt verschiedener Reben und Weine auf.

Quo vadis Barolo/Barbaresco? Aktuelle Trends

In Italien hat es seit Jahren praktisch jeder Rotwein schwer. Im allgemeinen gilt: Je heller ein Wein ist, je fruchtbetonter, möglichst noch mit Bläschen, desto leichter läßt er sich verkaufen.

Das ist gewiß überspitzt formuliert, trifft aber den Kern des Problems. Ein Ruf, der an ferne Zeiten erinnert, fördert auch nicht gerade die Popularität. Entsprechend schwer ist im Land ein Wein wie der Barolo abzusetzen, der als Wein der Könige und König der Weine gilt. Ein junger Barbaresco-Winzer sagte treffend: Heute gibt es keinen König mehr, was interessiert mich dann ein Wein für Könige?

In die gleiche Kerbe schlagen die traditionellen Essensvorschläge. Da liest man von Haarwild, Schmorbraten und was derlei deftige und mächtige Gerichte mehr sein mögen.

In Abwandlung gilt, was über den Ruf gesagt wurde: Nur wenige können sich mit einem Wein anfreunden, der mit soviel Schwere assoziiert wird.

Ein Ruf ändert sich

Die Absatzzahlen geben ein beredtes Zeugnis. Obwohl es beide Weine auf maximal rund 10 Millionen Flaschen pro Jahrgang bringen, waren in den 70er und zu Anfang der 80er Jahre nur wenige Erzeuger ohne Absatzprobleme. Selbst erstklassige Winzer hatten noch zwei bis drei Jahrgänge im Keller. Allenfalls hervorragende Jahre mit geringem Ertrag waren relativ schnell ausverkauft. Demgegenüber sah die typische Preisliste eines durchschnittlichen Betriebes um 1980 wie folgt aus: Es gab noch den 74er, den 75er, den 76er und den 77er. Und das alles zu Preisen ab Gut für maximal um die 10 Mark.

Ab Beginn der 80er Jahre gab es auf allen Ebenen entscheidende Veränderungen. Der Ruf von Barolo und Barbaresco wandelte sich deutlich. Viel Geld wurde in die Kellerausstattung investiert, das technische Wissen der Weinbereitung nahm stark zu, der Stil der Weine änderte sich.

Es werden Anstrengungen unternommen, beide Weine als modern hinzustellen. Statt eine Tradition zu beschwören, die aufgehört hat, vorbildlich zu sein, wird in die Gegenwart geschaut und sich den heutigen Ansprüchen gestellt. Kein Erzeuger der ersten Garnitur wirbt zum Beispiel noch mit dem Leitmotiv »Wein der Könige, König der Weine«. Und wenn von staatlichen Stellen diese Tradition weiterhin hervorgehoben wird, schütteln die Winzer nur den Kopf.

Offensichtlich ist die geänderte Flaschenausstattung. Anstelle der kitschigen und überladenen Etiketten, die vor zehn Jahren das Bild prägten, hielt das moderne Design

Einzug. Zahlreiche Winzer änderten radikal ihre Ausstattung, teilweise unter Inanspruchnahme der renommiertesten Grafiker, die auf diesem Gebiet zu engagieren sind. Die Flaschen wurden schwerer, die Korken länger. Die neuen Etiketten sind geschmackvoller, klarer, eleganter, internationaler. Solche des alten Stils gibt es zwar noch, aber bei den guten Erzeugern sind sie selten geworden. Mittlerweile gilt die italienische Ausstattung im Bereich des Weins in anderen Ländern als vorbildlich.

Insgesamt sind die Winzer sehr aufgeschlossen gegenüber neuen Tendenzen, verfolgen auswärtige Trends. Das heißt nicht, daß sie sich gleichsam mit wehenden Fahnen an die letzten Modeströmungen anhängten. Eher ist das Gegenteil der Fall. Im Piemont sind die Kräfte der Tradition sehr lebendig. Allerdings hat sie sich in der Kenntnisnahme der aktuellen Entwicklung und in der Auseinandersetzung mit ihr erneuert.

Natürlich gibt es Erzeuger, die diese Trends übernommen haben. Es sind auch keine vereinzelten Ausnahmen, aber sie haben weder die Tradition völlig an die Wand gespielt noch gänzlich mit ihr gebrochen. Das schlagendste Beispiel hierfür: Ihr Engagement gilt weiterhin dem besten klassischen Wein des Anbaugebiets. Ihre gewiß eigenen Vorstellungen von einem Barolo oder Barbaresco verwirklichen sie eben in diesen Weinen. Hierin besteht der große Unterschied zur Toskana. Dort setzen wenige Betriebe der ersten Garnitur ihre ganze Energie für die Verbesserung des Chianti ein. Zweifelsohne ist auch seine Qualität deutlich gestiegen, doch die führenden Güter profilieren sich eher mit einem hochwertigen Tafelwein.

Allerorten Investitionen in moderne Kellertechnik

Kaum ein renommiertes Gut, das in den letzten Jahren nicht beträchtliche Summen in den Keller investiert hätte. In der Langhe ist in den 80er Jahren ein regelrechter Bauboom ausgebrochen. Da wird gebaut, umgebaut, renoviert.

Das hat zur Folge, daß bei anerkannt guten Produzenten die Gärung überwiegend im Stahltank stattfindet und kaum noch in ausgekleideten Zementtanks. Häufig ist auch der Gebrauch von Kühleinrichtungen. Obwohl es während der Erntezeit von Barolo und Barbaresco schon recht kühl sein kann, ist das gerade in sehr guten Jahren oft nicht der Fall. Die Trauben sind dann bereits vom Weinberg her sehr heiß, und wenn der Winzer nicht eingreift, steigt die Gärtemperatur zu hoch. Das war z.B. die Gefahr beim Jahrgang 1982. Man kann natürlich auch ohne aufwendiges Kühlgerät mit Wasser, Stangeneis oder durch häufiges Umpumpen versuchen, die Temperatur unter Kontrolle zu bringen, aber das geht nur in Grenzen.

Im Zuge dieser Investitionen in die Kellertechnik hat das Wissen um elementare Prozesse der Weinbereitung zugenommen. Die Anschaffung von Stahltanks und Kühlaggregaten macht ja nur Sinn, wenn man weiß, daß dann bestimmte Probleme erst gar nicht entstehen bzw. behoben werden können. Das gilt etwa für den Zusammenhang von Temperatur und Geschmack des Weines oder ganz allgemein für die Kontrolle der Gärung. Solche Kenntnisse mögen für studierte Önologen selbstverständlich sein, in einer bäuerlich geprägten Wirklichkeit wie in der Langhe sind sie es nicht.

Die neuen Keller präsentieren sich in der Regel nicht im High-Tech-Look, noch ähneln sie einer Milchfabrik, aber sie machen einen sehr aufgeräumten und sauberen Eindruck. Allerdings war der Aspekt der Sauberkeit auch früher bei hochkarätigen Gütern kein Thema. Wer Tradition in Sachen Weinbereitung mit Unordnung, Schmutz und Spinnweben verbindet, wird umdenken müssen. Es mag Fälle geben, in denen ein hervorragender Wein aus einem schmutzigen Keller kommt, doch sie wären eine große Ausnahme. Mangelnde Sauberkeit sorgt fast immer für technisch defekte Weine.

Kontroverse um Tradition und Modernität in der Weinbereitung

Verschiedene Richtungen der Weinbereitung in der Langhe haben sich nicht erst in den 80er Jahren entwickelt. Erste Ansätze weg von einem sogenannten traditionellen Stil sind bereits in den 70er Jahren zu verzeichnen. Vor allem der 1988 verstorbene Renato Ratti machte sich zum Anwalt eines - wie er es sah - neuen, moderneren Stils. Häufiger auf die Tagesordnung kam das Thema Tradition versus Modernität in den 80er Jahren. Es war nicht mehr die Sache eines Winzers oder einer kleinen Gruppe, es beteiligten sich eine Vielzahl von Weinproduzenten.

Die Schwierigkeit in der Beurteilung dieses Streits liegt vor allem darin, daß beide Begriffe unscharf sind. Das Problem wird dadurch verschärft, daß sie je nach Sichtweise positiv bzw. negativ verwandt werden. Wer sich als Traditionalist versteht, schätzt verständlicherweise die Tradition. Gleiches – mit umgekehrtem Vorzeichen – gilt für den Modernisten. Er setzt sich als Moderner eben von der Tradition ab.

Eigentlich gibt es zwei Begriffe von Tradition. Einmal in ihrer tatsächlichen Bedeutung, d.h. wie die Weine früher gemacht wurden. Dann das Bild, das die Kritiker von ihr zeichnen. Nur wenn man beides auseinanderhält, wird man die Positionen einigermaßen rational diskutieren können. Leider geschieht das sehr selten, sowohl seitens der Winzer als auch der Journalisten, die über die Kontroverse berichten.

Wie Weine früher gemacht wurden, ist gar nicht so einfach zu beantworten. Es hängt ab vom Zeitraum, den man im Auge hat, und vom Betrieb. Eine lange Verweildauer im Holz gehörte z.B. nicht dazu. In den Texten ist nie die Rede von fünf oder mehr Jahren als Regelzeit des Ausbaus. Die in dem heutigen DOCG-Statut für den Barolo vorgeschriebenen drei Jahre, davon zwei im Holz (und jeweils ein Jahr weniger beim Barbaresco), scheinen mit den tatsächlichen früheren Verhältnissen in Einklang zu stehen. Eine lange Faßlagerzeit bleibt eher besonderen Partien in herausragenden Jahrgängen vorbehalten. Damit nicht vermengt werden sollte die Tatsache, daß das Faß auch zur Aufbewahrung diente. Hatte ein Winzer Verkaufsprobleme, konnten schon mehrere Jahre zusammenkommen. Nur handelte es sich in einem solchen Fall um eine Notlösung und nicht um einen gezielten Ausbau im Holz.

Über die Gärung selbst ist wenig Gesichertes bekannt. Die überlieferten Texte und die Erzählungen von Winzern der älteren Generation lassen den Schluß zu, daß der Kontakt mit den Schalen zwischen drei und sechs Wochen betrug. Entsprechend besaßen die Weine in ihrer Jugend ein sehr hohes Maß an Tannin. Nach der Gärung wurde der Wein nicht allzu häufig umgezogen, d.h., er blieb längere Zeit mit den ausgefällten Trubstoffen in Kontakt. Eine Kontrolle der Gärtemperatur als bewußte Maßnahme unterblieb. Aus Analysewerten ist bekannt, daß die Weine häufiger leicht oxydativ waren und/oder einen Essigstich hatten. Solche Defekte kamen bei renommierten Gütern wohl recht selten vor.

Beschränkt man sich auf die hochklassigen Produzenten, heißt das, daß die jungen Weine sehr tanninbetont und abweisend waren. Sie bauten ihre deutliche Härte nicht immer im Reifeprozeß ab. Allerdings - und davon kann man sich noch jetzt überzeugen - gab es Weine, die nach zwanzig Jahren eine ungemeine Harmonie und Klarheit entwickelten, welche selbst heute ihresgleichen suchen.

Ganz anders das Bild der »Tradition« aus der Sicht der »Modernen«. Es ist ein Gedankengebilde, das all die Bereiche umfaßt, die es zu bekämpfen gilt. Und so gerät Tradition zu einem Sammelsurium aus Schmutz im Keller, oxydierten Weinen, fehlerhaftem Faßausbau, wochenlanger Maischegärung, zusammenfassend ganz einfach ungenießbarer Weine.

Der folgenreichste Fehler dieser Konstruktion ist, daß unterschiedslos die Produktion von Spitzenqualität mit durchschnittlichen und schlechten Erzeugnissen in einen Topf geworfen werden. Ganz so schlimm kann es schließlich nicht gewesen sein, es sei denn, man verträte die kühne These, guten Barolo und Barbaresco gäbe es erst seit kurzem, genauer gesagt seit die Modernen die Bühne betreten haben.

Gleichwohl besteht ihr Verdienst auf jeden Fall darin, als belebendes Element sehr viel für das neuerwachte Interesse an den Klassikern der Langhe getan zu haben. Es ist u.a. ihnen zu verdanken, daß bestimmte Neuerungen auch in jene Keller Einzug gehalten haben, die nicht auf ihrer Linie stehen.

Die Vorstellungen der Neuerer

Welche Vorstellungen haben nun die Neuerer? Ihr gemeinsamer Nenner ist ein Barolo oder Barbaresco, der früh zu trinken ist, wenig Tannin und Säure hat, fruchtbetont und reintönig ist. Diese Ziele werden kellertechnisch folgendermaßen erreicht. Die Reintönigkeit durch größere Sauberkeit und eine Kontrolle der Temperatur während der Gärung. Der geringere Tanningehalt und die Betonung der Fruchtkomponente im wesentlichen mittels einer Kombination zweier Techniken. Einmal durch einen möglichst kurzen Kontakt mit den Schalen während der Gärung, die Spannen reichen von vier, sechs bis maximal zehn, 14 Tage. Der zweite Ansatzpunkt für die Fruchtigkeit ist die Gärung bei relativ niedrigen Temperaturen. Das bedeutet rund 22 bis 26 Grad Celsius. Denn – das als Erläuterung – je höher die Temperatur ist, desto mehr werden die Tannine ausgelaugt.

Es ist einleuchtend, daß ein so erzeugter Wein weder einen langen Aufenthalt im Faß braucht noch anschließend eine längere Verweildauer auf Flasche im Keller. Einige der »modernen« Winzer möchten am liebsten zur Gänze auf das Holz verzichten und nur dem Stahl vertrauen. Vorgegangen wird nicht ganz so radikal, allerdings auch nur die Pflichtzeit im Holz absolviert, die bei zwei

Jahren für den Barolo und bei einem Jahr für den Barbaresco liegt.

Der erste und entschiedenste Wegbereiter der eben skizzierten modernen Richtung war Ende der 70er Jahre Renato Ratti. Nach und nach fand sie verstärkt Eingang in die Keller, und zwar vor allem unter den jüngeren Erzeugern. Verständlicherweise, denn welcher Winzer, der seit Jahrzehnten seinen Wein so und nicht anders macht, wird innerhalb weniger Jahre seine Methode in wesentlichen Bereichen vollständig umkrempeln?

Die jüngere Garde sorgte neben Ratti dafür, daß ihr Stil publik wurde. Schließlich ist es eines, die Vinifikation zu ändern, ein anderes, den Wein zu verkaufen. Sie setzen ganz bewußt auf die Neuerungen in der Weinbereitung, um ihren Barolo oder Barbaresco besser zu vermarkten. In der Öffentlichkeit, z.B. in Gesprächen mit Fachjournalisten, betonen sie immer wieder, daß ihr Wein der einzig zeitgemäße sei. Denn wer habe noch Interesse an einem harten, tanninüberladenen, ungenießbaren Barolo? So formuliert, wird natürlich jeder zustimmen. Die Frage ist nur, ob ihre Alternative die einzig mögliche ist.

Als Vertreter eines modernen Barolo gelten etwa *Altare, Clerico, Migliorini, Ratti, Sandrone*, die Brüder *Voerzio* und beim Barbaresco *Gresy, Bruno Rocca* und *Cantina del Glicine.* Ganz allgemein zeichnen sich ihre Weine durch eine betonte Frucht und – nach Maßstäben der jeweiligen Lage – weniger Tannin aus. Sie reifen eher und sind damit relativ früh trinkfertig. Ihre Ausbauzeit im Holz liegt knapp an der vom Gesetzgeber vorgegebenen Untergrenze.

Normalerweise wird auch einer der bedeutendsten Winzer der Langhe, nämlich *Gaja*, zu den entschiedenen Vertretern der modernen Richtung gezählt. Bei ihm zeigt sich allerdings, wie riskant eine solche Einstufung ist, zumal wenn man sich von allgemeinen Eindrücken und der Kellerausrüstung leiten läßt. Gewiß ist sein Keller modern eingerichtet, und er kontrolliert die Gärtemperatur sehr präzise mit computergesteuerten Tanks. Betrachtet man aber seine Weine und die Art, wie er sie macht, ist er mit Sicherheit kein Modernist im oben skizzierten Sinne. Sein Barbaresco ist wie ein klassischer in den entsprechenden Jahren durchaus tanninbetont. So fruchtig er auch sein mag, es ist nicht jene hervorspringende, manchmal geradezu aufgesetzt wirkende Frucht.

Unterhält man sich mit ihm darüber, wie er seine Weine macht, ist das Ergebnis nicht weiter verwunderlich. Der Kontakt mit den Schalen während der Gärung gehört nach heutigen Maßstäben mit je nach Jahrgang rund drei Wochen durchaus zu den längeren. Er ist auch kein Freund einer kühlen Gärung. Schließlich bleibt der Barbaresco mehr als die vorgeschriebene Mindestlagerzeit im Holz. Nach früheren Maßstäben hätte er fast Anspruch auf das Prädikat Riserva gehabt. Ob der normale oder die aus den Einzellagen, sie werden erst knapp drei Jahre nach der Ernte freigegeben.

Die aufgeklärten Traditionalisten

Anhänger und Kritiker werden von einer liebgewordenen Vorstellung Abschied nehmen müssen. Es gibt praktisch keinen Winzer mehr, der seinen Barolo oder Barbaresco noch so macht wie früher. Insofern kann traditionell heutzutage nur meinen, daß die Erzeuger jener Gruppe einen bestimmten Typus von Wein vor Augen haben, der dem früheren ähnelt, doch gemacht mit moderner Ausrüstung. Sie halten an einem Barolo oder Barbaresco fest, der zwischen knapp drei und mehr als vier Wochen mit den Schalen gärt, ihre Gärtemperaturen liegen um die 30 Grad Celsius, die Weine bleiben relativ lang im Holz.

Ihre Keller sehen fast genauso aus wie die ihrer Kollegen. Die meisten erstklassigen Betriebe sind inzwischen mit Stahltanks und Kühlaggregat ausgerüstet. Und das Wichtigste von allem: Es herrscht Sauberkeit vor, teils sogar mehr als bei einigen prominenten Modernisten.

Ihr Barolo oder Barbaresco unterscheidet sich allerdings in wichtigen Punkten von dem der anderen Richtung. Er ist zunächst einmal tanninbetonter und in der Jugend härter, abweisender. Die Fruchtdimension ist durchaus vorhanden, wenn auch stärker eingebettet. Zudem sind sie in der Regel vielschichtiger und finessenreicher, haben mehr Struktur. Nur kann das auch an den Lagen liegen. Die allerbesten sind wohl mehrheitlich immer noch im Besitz derer bzw. die Trauben werden gekauft von denen, die ihre Weine mehr in der traditionellen Machart erzeugen.

Einige halten an der Tradition fest, in besonders guten Jahrgängen aus den besten Lagen Weine zu erzeugen, die jahrelang im Holzfaß liegen. Das prominenteste Beispiel hierfür sind die berühmten Riserva (früher Riserva speciale) von Bruno Giacosa. Die Weine gären in Stahl und bleiben dort für rund ein Jahr, damit sie sich klären. Anschließend kommen sie vier bis fünf Jahre in mittelgroße Holzfässer. Noch länger im Faß liegt der Monfortino von Giacomo Conterno. Trotz des Namens: Die Trauben kommen nicht aus Monforte, sondern aus Serralunga. Schließlich macht auch Aldo Conterno einen solchen Barolo, und zwar den Granbussia.

Weitere profilierte Vertreter neben den drei genannten sind z.B. Accomasso, Castello di Neive, Mauro Mascarello, Produttori del Barbaresco, Prunotto und Vietti.

Die Trennung zwischen Tradition und Moderne ist übrigens keineswegs so scharf, wie es nach dem vorausgegangenen klingen mag. Eher ist das Bild eines gleitenden Übergangs zwischen beiden Polen angebracht. Dieser Richtung – wenn man sie so nennen will – dürften gegenwärtig wohl die meisten Winzer angehören. Sie haben zwar die Maischegärung reduziert, aber sie ist nicht extrem kurz, sie kontrollieren die Temperatur, gehen aber nicht unter 27 Grad Celsius, praktizieren keinen zu langen Ausbau im Holzfaß usw. Oder sie haben nur einige Elemente hieraus gewählt. Zu dieser Gruppe gehören etwa Bartolo Mascarello, Enrico Scavino und Cordero di Montezemolo.

Langlebige Weine

Beide Weine gehören zu den langlebigsten Roten Italiens. Neben dem Brunello di Montalcino und einigen Chianti Classico Riserva haben sie in sehr guten Jahren eine Haltbarkeit von über dreißig Jahren. Ihr hoher Alkoholgehalt kombiniert mit einer relativ hohen Säure sowie einem mächtigen Tannin bieten die Voraussetzungen. Welche Rolle die Machart spielt, darüber sind die Meinungen geteilt.

Die Newcomer behaupten, daß ihre Weine in diesem Punkt denen der alten Schule in nichts nachstünden, während die Traditionalisten hier ein Fragezeichen anbringen.

Selbst im Frühjahr kann noch Schnee fallen. Vor einigen Jahrzehnten wurde die Qualität von Weinbergen auch danach bestimmt, wie lange der Schnee liegenblieb. Gut war, wo er schnell wegtaute.

Vor allem kleinere Güter finden sich in unmittelbarer Nähe der Weinberge.

Es bleibe dahingestellt, ob das Alterungsvermögen etwas über die Qualität aussagt, etwa in dem Sinne: Je länger ein Wein hält, desto höher ist seine Qualität. Richtig ist allerdings, daß ein großer Rotwein in der Lage sein sollte zu reifen und insofern das Reifepotential zwar nicht unmittelbar eine Qualitätsaussage darstellt, gleichwohl eine notwendige Voraussetzung für die Entwicklung der Qualität ist.

Nun ist es für die Mehrheit der Weintrinker unerheblich, ob ein Wein 20, 30 oder 40 Jahre hält. Jedenfalls haben die Traditionalisten bewiesen, daß die ihren sehr gut altern und reifen können. Barolo und Barbaresco aus den 60er Jahren von Bruno Giacosa haben Ende der 80er Jahre ihren Höhpunkt noch nicht überschritten. Ob die der modernen Richtung sich ebenso entwickeln, ist aus einem einfachen Grunde heute nicht zu beantworten: Es gibt keine hinreichend große Anzahl, die bereits für ein solches Urteil alt genug sind. Sicheres wird sich erst in fünf bis zehn Jahren sagen lassen.

Barolo, Barbaresco und Barrique

In den letzten Jahren hat der Ausbau im kleinen Holzfaß in Italien ungeahnte Ausmaße angenommen. Zur Tradition des Landes zählt er nicht. Ein deutlicher Holzgeschmack galt nachgerade als Fehler, der zu vermeiden war. Entsprechend waren die Fässer sehr groß und wurden jahrzehntelang benutzt. Denn das Wichtige des Faßausbaus war die langsame Reifung des Weines, hervorgerufen durch den leichten Luftaustausch.

Der Zweck des Barrique ist nun ein ganz anderer. Bedingt durch seine geringe Größe – am gebräuchlichsten ist das 225-Liter-Faß aus dem Bordelais – ist der Kontakt des Weins mit dem Holz viel intensiver als beim großen Faß. Zudem werden die Fässer in der Regel spätestens nach drei Jahren durch neue ersetzt, indem pro Jahr ca. ein Drittel ausgetauscht wird. Ein Hauptziel besteht ja darin, dem fertigen Wein einen deutlichen Holzton mitzugeben. Die im Barrique ausgebauten Weine sind früher reif, runder und – je nach verwandtem Holz – schmecken und riechen deutlich nach Vanille. Sie entsprechen mithin dem internationalen Publikumsgeschmack, der sehr stark an französischen Weinen und dabei vor allem an Bordeaux-Gewächsen orientiert ist.

Unabhängig von den Bewertungen des Geschmacks bestand der Hauptgrund in der Verwendung des Barrique, daß sich die Weine besser verkaufen lassen. Nach und nach haben gerade die international orientierten, dynamischen Güter auf das kleine Faß gesetzt. Der Siegeszug begann in der Toskana, wo zumal im Gebiet des Chianti Classico praktisch jedes hochwertige Gut einen sogenannten Barriquewein macht. Der Ausbau im Barrique blieb zu Anfang den hochwertigen Weinen vorbehalten, und zwar kamen sie als Tafelwein auf den Markt und nicht als – möglicher – Chianti DOC. Diese Tafelweine sind beträchtlich teurer als die Riserva des gleichen Gutes, und paradoxerweise sind sie als erste verkauft.

Eine ähnliche Karriere des kleinen Fasses gibt es im Piemont nicht. Zwar haben mittlerweile viele Winzer einige Barriques im Keller stehen oder experimentieren zumindest damit. Gleichwohl gibt es sehr wenige, die ihren Barolo oder Barbaresco dort ausbauen. Nicht daß die Piemonteser gleichsam Hinterwäldler wären, die erst vor kurzem mitbekommen hätten, daß es so etwas wie ein Barrique gibt. Einer der ersten in ganz Italien, der mit ihm experimentiert hat und schon in den 70er Jahren konsequent darauf gesetzt hat, war nämlich Angelo Gaja.

Er begann damit bereits Ende der 60er Jahre und stellte fest, daß selbst eine so tanninbetonte Rebe wie der Nebbiolo für Barbaresco geeignet ist, aber seiner Meinung nach bedarf es einer Vorsorge. Für ihn heißt das vor allem, daß die Barriques vor dem erstmaligen Gebrauch ausgedämpft werden, damit die Holzdosage, die dem Wein gegeben wird, nicht zu hoch ausfällt. Die Experimentierphase fand Mitte der 70er Jahre ihr Ende, seit jener Zeit geht jeder Barbaresco von Gaja einige Zeit durch ein entsprechend vorbehandeltes Barrique.

Gleichwohl fand er in der ersten Zeit keine Nachahmer. Erst in den 80er Jahren folgte ein weiterer namhafter Erzeuger, nämlich Gresy, der für seinen Barbaresco aus der Lage Gaiun ebenfalls das Barrique einsetzt. Darüber hinaus geht kaum jemand so vor. Nicht viel anders im Barologebiet. Zwar experimentieren einige Winzer nun auch mit dem Barolo, haben aber diese Phase noch nicht abgeschlossen. Einer der wenigen, der bereits einige Jahrgänge auf diese Weise gemacht hat, ist Valentino Migliorini.

Zwei Gründe sind es, warum Barolo und Barbaresco nicht häufiger im Barrique ausgebaut werden. Einmal ist es keineswegs so, daß sie dadurch an Qualität gewinnen. Sie werden anders, aber – und das ist hier entscheidend – nicht besser. Hinzu kommt, daß sehr viel Fingerspitzengefühl notwendig ist, um zu einem vernünftigen Resultat zu kommen. Mehr als bei anderen Weinen genügt es nicht, ihn so zu machen wie bisher und anschließend statt ins große Faß für einige Zeit in das Barrique zu geben.

Entscheidend für die Widerstandskraft des klassischen Ausbaus dürfte sein, daß es den meisten nicht einleuchtet, warum sie ihren Wein ändern sollten, wenn sie ihn klassisch ausgebaut für gutes Geld verkaufen können. Ein Indiz, das in die gleiche Richtung weist, ist die auffällige Abwesenheit von Tafelweinen, die teurer sind als ein Barolo oder Barbaresco des gleichen Gutes. Anders als in der Toskana ist bei keinem Gut der ersten Garnitur der Tafelwein der teuerste.

Die (neuen) hochwertigen Tafelweine

Jene Tafelweine haben in den letzten Jahren auch im Piemont Eingang gefunden. Vor allem bei Gütern aus dem Umkreis der modernen Richtung sind sie recht häufig anzutreffen. Entweder sind es Mischsätze klassischer Reben oder sie bestehen aus fremden Reben wie Chardonnay oder Cabernet. Eines haben sie gemeinsam: Die meisten werden im Barrique ausgebaut und tragen Phantasienamen.

Die Rebverbindung, die an der Spitze steht, ist Nebbiolo und Barbera. Dabei besteht der Wein überwiegend aus Nebbiolo, und es werden ihm 10 bis 20 Prozent Barbera zugefügt. Auf diese Weise wird der Tanningehalt des Nebbiolo etwas gemildert, darüber hinaus gerät der Wein fruchtiger. Auch hier hat der bereits erwähnte Migliorini Pionierdienste geleistet. Sein Bricco Manzoni wird seit

1980 im Barrique ausgebaut und besteht zu rund 80 Prozent aus Nebbiolo, der Rest ist Barbera. Eine ähnliche Rebzusammensetzung hat z.B. der Arte von Clerico, der eines der schönsten italienischen Weinetiketten trägt.

Der einzig bekannte Fall eines Rotweins aus fremden Reben ist der Darmagi von Gaja, ein reinsortiger Cabernet Sauvignon, ausgebaut im Barrique. Der erste Jahrgang war der 82er. Der Darmagi konnte sich auf Anhieb unter den besten italienischen Cabernets etablieren. Ein Merlot dieses Winzers wird demnächst auf den Markt kommen. Interessanterweise haben seine Experimente mit fremden Reben keine Nachfolger gefunden. Es gibt zwar einige Erzeuger, die im Weinberg solche oder ähnliche Reben angepflanzt haben, aber keiner hat bislang das Stadium einer vorläufigen Vinifizierung hinter sich gelassen.

Der Chardonnay hat es hingegen innerhalb weniger Jahre geschafft, sich in der Langhe zu etablieren. Einige von ihnen werden im Stil hochwertiger Tafelweine gemacht, und das setzt fast zwingend den Ausbau im Barrique voraus. Auch hier war Gaja Pionier, sein erster Gaia & Rey war der 83er. Wenige Jahre später folgten der Piodilei von Pio Cesare und der Chardonnay von Gresy. Es ist vermutlich nur eine Frage der Zeit, bis weitere hinzukommen. Selbst mehr bäuerliche Winzer experimentieren damit.

Die Situation Anfang der 90er Jahre: Topweine zu beachtlichen Preisen

Die 80er Jahre haben unstrittig zu einem Anstieg der Qualität geführt. Das gilt einmal, wenn man die Karriere einzelner Winzer betrachtet. Im Regelfall sind ihre Weine heute deutlich besser als vor einem Jahrzehnt, nicht nur bei ehedem durchschnittlichen Erzeugern, sondern auch bei der qualitativen Spitze. Demgegenüber stagnieren nur wenige oder haben sogar in der Qualität nachgelassen.

Die positive Bilanz in puncto Qualität besteht zum anderen darin, daß die Zahl guter Produzenten im letzten Jahrzehnt zugenommen hat. Vor allem im Lager der Neuerer befinden sich Betriebe, die vor einem Jahrzehnt noch keine Rolle spielten, in einigen Fällen überhaupt keinen eigenen Wein abfüllten.

Ein Problem bleibt allerdings bestehen, und das ist nicht allein eine Piemonteser Spezialität. So sehr Italiens Topwinzer in den letzten zehn oder zwanzig Jahren Anschluß an die qualitative Weltspitze gefunden haben, so sehr mangelt es noch an einer befriedigenden Mittelqualität. Der Abstand zwischen hochkarätigen Erzeugern und dem großen Rest ist nicht nur sehr groß, das ist er auch in Frankreich, die Zahl der Erzeuger, die dazwischen liegen, ist zu gering.

Der Weinkäufer wird die Entwicklung der letzten zehn Jahre mit gemischten Gefühlen sehen. So sehr er das erweiterte Angebot begrüßen mag, so wenig erfreut ist er über die Preisentwicklung. Denn in dieser Zeit haben sich die Preise im Schnitt mehr als verdoppelt. Das ist zwar international nicht ungewöhnlich, aber an der Tatsache als solcher ändert sich natürlich nichts. Es ist andererseits auch verständlich. Beide Weine waren deutlich unterbewertet, und schließlich müssen die enormen Investitionen einzelner Betriebe bezahlt werden. Inwieweit weitere Preissteigerungen durchzusetzen sein werden, wird sich bei den nächsten hochkarätigen Jahrgängen zeigen.

Die Preisentwicklung ist schon ein Indiz, daß die meisten renommierten Betriebe der ersten Garnitur heute keine nennenswerten Absatzprobleme haben. Nicht nur, daß dieser Kreis nicht mehrere Jahrgänge auf der Preisliste hat, hervorragende Jahrgänge sind kurz nach der Freigabe ausverkauft. Die zahlreichen Güter, die nicht zu dieser Gruppe von insgesamt etwa zwanzig bis dreißig Erzeugern gehören, haben mehr Probleme, ihren Wein abzusetzen. Die Verbesserung der Situation gegenüber früher hat für sie bei weitem nicht dieses Ausmaß. Ähnlich sieht es beim Preis aus.

Die wirtschaftliche Besserstellung liegt nun nicht daran, daß die Italiener plötzlich ihre Liebe zu Barolo und Barbaresco entdeckt hätten. Der Inlandsmarkt stagniert, deutlich zugenommen hat hingegen der Export. Die meisten angesehenen Güter setzen ein Drittel oder mehr auf dem Auslandsmarkt ab. In Italien selbst haben sie weiter mit dem Ruf des schweren und nicht modernen Weins zu kämpfen. Ob hier in den nächsten Jahren ein Meinungswandel zu erwarten ist, scheint fraglich.

Begleitet wurde die Entwicklung zu mehr Qualität von einer ständig zunehmenden Berichterstattung. Deutschland ist ein gutes Beispiel. Liest man Berichte über Italien aus den 70er Jahren, sind sie überwiegend von Personen verfaßt, die offenbar weder die Weine kannten noch vor Ort waren. Es gab z. B. kein einziges Buch, das befriedigend über Italien berichtet hätte. Daß dabei noch der Chianti an erster Stelle lag und die beiden Piemonteser mehr beiläufig erwähnt wurden, verwundert nicht. Anders heutzutage.

Die Literatur in Buchform über Italien und damit auch über Piemont kann man durchaus als befriedigend bezeichnen. In den Weinzeitschriften findet man regelmäßig Berichte, Proben werden abgehalten, selbst über die Entwicklung bei einzelnen Winzern wird informiert.

Ruf und Produktionswirklichkeit von Barolo und Barbaresco haben sich in den letzten Jahren kräftig gewandelt. Die Winzer standen vor dem Problem, daß sich kräftige, lang ausbauende Rotweine schwer verkaufen ließen. Dem war auf zweierlei Weise abzuhelfen: den Wein selbst und sein Image zu ändern. Gerade jüngere Winzer waren es, die an beidem ansetzten. Sie änderten die Vinifizierung und versuchten gleichzeitig, die Änderung bekanntzumachen. Dabei wurde eine falsche Frontstellung aufgebaut in dem Sinne, daß alles, was der Tradition entsprach, als falsch hingestellt wurde. Im Zuge dieser Diskussionen wurde kräfig investiert. Bedeutende technische Neuerungen haben in den Kellern Einzug gehalten. Stahltanks und die Möglichkeiten zu einer genaueren Kontrolle der Temperatur sind bei vielen Erzeugern Standard. Auch das Wissen um die Weinbereitung nahm zu, so daß heute mehr gute Barolos und Barbarescos zu finden sind als noch vor zehn Jahren.

Eine Auswahl der Besten

Ein Wein steht und fällt mit den Erzeugern. Mögen die Produktionsvorschriften streng sein, die Konsortien qualitätsbewußt, letztendlich sind sie kein Garant für gute oder sehr gute Weine. Sie können allenfalls einen gewissen Mindeststandard garantieren. Deshalb sollen nun einige Güter namentlich empfohlen werden, die nach unseren Maßstäben zur Gruppe jener zählen, die gegenwärtig die besten Barolos bzw. Barbarescos erzeugen. Wir erheben dabei nicht den Anspruch, alle in Frage kommenden Güter zu erwähnen, wohl aber, daß alle genannten zu dieser Gruppe zählen.

Das Qualitätsniveau eines Weines zeigt sich nicht zuletzt daran, wie groß die Anzahl der empfehlenswerten Erzeuger ist. Selbst bei sehr strengen Maßstäben kommen für Barolo und Barbaresco mehr als zwei Dutzend Güter zusammen. Dabei ist die qualitative Entwicklung äußerst dynamisch: Rund ein Drittel von ihnen füllt entweder erst seit Anfang der 80er Jahre in nennenswertem Maße selbst ab oder hat in den letzten Jahren einen deutlichen qualitativen Sprung gemacht.

Es soll darauf verzichtet werden, die Erzeuger in Gruppen wie Modernisten oder Traditionalisten aufzuteilen, wie es in einigen Fällen geschieht. Mit einer solchen Unterscheidung zu arbeiten, wirft mehr Probleme auf als sie Vorzüge bietet. Aus der Beschreibung wird allerdings deutlich werden, ob es ein tanninbetonter Wein ist, der lange braucht, um sich zu entwickeln, oder ein eher zu trinkender.

Bei unser Auswahl wird zu jedem Erzeuger das ungefähre Preisniveau angegeben. Bei beiden Weinen beziehen sich die Preisangaben auf den Jahrgang 1985. Die Daten liefert das von uns jährlich aktualisiert herausgegebene »Kursbuch italienischer Wein«. Dieses Buch enthält im zweiten Teil ein nahezu vollständiges Verzeichnis der im Versand verfügbaren Weine, aufgeschlüsselt nach Wein, Jahrgang, Erzeuger, Anbieter und Preis. Die hier zugrunde gelegte Ausgabe 1990 enthält mehr als 300 Preise für den Barbaresco und über 500 für den Barolo.

Genannt haben wir zumeist nur jene Produzenten, die aus Einzellagen stammen, da diese teilweise wesentlich besser sind als jene ohne Lagenangabe. Wobei daran erinnert sei, daß einige überhaupt keinen Wein mehr machen ohne Lagenangabe, was nicht heißt, daß alle Lagen gleicher Qualität sind. Ebenso wie es Güter gibt, die ihren Wein gemäß einer alten Tradition aus verschiedenen Lagen erzeugen.

Die besten Barolos

Accomasso, La Morra. *Rocche* und *Rocchette*, jeweils 25 DM: Kräftig, dicht, nach Tabak duftend, samtig, sehr konstant gegenüber Jahrgangsschwankungen. Typischer La Morra mit eher weichem Tannin.

Altare, La Morra. *Vigna Arborina,* 42 DM:
Sehr feiner, fruchtbetonter Barolo aus La Morra mit guter Säure. In der Regel leichtes Vanillebouquet. Ab 1985.

Ceretto (Bricco Rocche), Castiglione Falleto. *Brunate,* 45 DM, *Prapò* 50 DM, *Bricco Rocche,* 145 DM:
Typische Vertreter ihrer jeweiligen Gebiete. Aus der Lage »Brunate« (La Morra) geschmeidig, mit gedeckter Frucht. Der »Prapò« (Serralunga) kräftig, mit deutlichem Tannin und leichtem Goût de goudron. Der »Bricco Rocche« (Castiglione Falletto) ausgewogen zwischen trockenem, leicht hartem Tannin und deutlicher Frucht.

Clerico, Monforte d'Alba. *Briccotto della Bussia* und *Ciabot Mentin della Ginestra,* jeweils 48 DM:
Sehr runde, früh geschmeidige Weine mit feiner Säure und Tannin und leichtem Goût de goudron. Recht konstant. Ab 1982.

Conterno Aldo, Monforte d'Alba. Mehrere Positionen in Bussia di Monforte, z.B. *Bussia Soprana, Colonello di Bricco Bussia, Cicala di Bricco Bussia, Granbussia,* je nach Lage 45 bis 75 DM:
Einer der besten Erzeuger. Sehr klassische Weine mit deutlicher Charakteristik von Monforte. Bei aller Kraft, Tannin und Säure sehr fein mit schöner Frucht. Langsam ausbauend.

Conterno Giacomo, Monforte d'Alba. *Cascina Francia,* ca. 50 DM, *Monfortino,* ca. 90 DM:
Sehr wuchtige Weine aus Serralunga, streng, mächtiges Tannin, gute Säure, langsam ausbauend. Der »Monfortino«

wird bis zu zehn Jahre im Faß ausgebaut und ist noch tanninbetonter als der normale Barolo.

Cordero di Montezemolo, La Morra. *Monfalletto*, 29 DM, *Enrico VI*, 35 DM:
Sehr guter Erzeuger, der sich in letzter Zeit in der Qualität etwas schwankend präsentiert. Im Prinzip ein sehr typischer Vertreter der beiden Zonen (»Monfalletto« in La Morra, »Enrico VI« in Castiglione Falleto). Eher feine Weine, die nicht allzulang zur Reife brauchen.

Giacosa Bruno, Neive. Bekannteste Lagen: *Rocche di Castiglione Falletto, Collina Rionda* und *Cascina Falletto* (beide Serralunga). 50 bis 70 DM:
Einer der maßstabsetzenden Erzeuger, der eine Fülle verschiedener Lagen der Gemeinden Castiglione Falleto, Monforte und Serralunga aus zumeist gekauften Trauben vinifiziert. Immer sehr kräftig, typisch, mit deutlichem Tannin, aber nie aggressiv. Sehr lange ausbauend. Die Riserva mit dem roten Etikett sind legendär, vor allem aus der Lage Collina Rionda – und sie sind teurer.

Mascarello Bartolo, Barolo, 43 DM:
Einer der besten Erzeuger. Die Weine sind sehr ausgewogen zwischen Frucht, Säure und Tannin, in ihrer Jugend immer etwas kompakt, aber nach einigen Jahren auf der Flasche sehr fein. Bartolo ist einer der wenigen hochkarätigen Erzeuger, der seine Lagen nicht getrennt ausbaut.

Mascarello Mauro, Monchiero. *Monprivato*, 64 DM:
Auch er ein maßstabsetzender Erzeuger und nicht ver-

wandt mit Bartolo Mascarello. Sehr typischer Castiglione Falletto, kraftvoll, dicht und fein zugleich. Lange ausbauend.

Prunotto, Alba. *Bussia di Monforte* und *Cannubi*, je 42 DM: Verschiedene Lagen aus gekauften Trauben. Eher klassisch, immer mit gutem Tannin und Säure. Gute Frucht. Mit dem 85er deutlich in der Qualität gestiegen. Zählt damit zu den Besten.

Rocche dei Manzoni (Migliorini), Monforte d'Alba. *Rocche* ca. 39 DM, *Mesdi* und *d'la Roul* ca. 51 DM, *Big* ca. 55 DM: Bei aller Kraft eher fein, trotz der Herkunft aus Monforte früh reifend, und seit 1985 alle mit deutlichem Barriqueton.

Ratti, La Morra. *Marcenasca* 33 DM, *Rocche dei Marcenasco* und *Conca di Marcenasco*, 40 DM:
Überwiegend aus gekauften Trauben. Relativ leichte Barolos, fruchtbetont, nicht sehr ausgeprägtes Tannin, recht typische Vertreter von La Morra.

Rocche Costamagna, La Morra. *Rocche* (wohl hierzulande nicht erhältlich):
Typische Weine aus La Morra, deutliches, aber geschmeidiges Tannin, gute Säure. Schöne Frucht. Ab 1985.

Sandrone, Barolo. *Cannubi Boschis*, 46 DM:
Rund, relativ früh geschmeidig, sehr schöne Frucht, deutliches, aber weiches Tannin, gute Säure. Ab 1982.

Scavino Paolo, Castiglione Falletto. *Cannubi*, 49 DM, *Bric del Fiasc*, 55 DM:
Sehr reintönige, klare Weine, die bei aller Kraft sehr fein und fruchtbetont sind. Sehr typisch für ihre jeweiligen Unterzonen (»Cannubi« in Barolo, »Bric del Fiasc« in Castiglione Falleto). Brauchen Zeit zur Reife.

Vajra, Barolo. *Bricco delle Viole*, 33 DM:
Sehr typischer Vertreter von der Grenzlage zwischen Barolo und La Morra. Eher fein, mit deutlichem, dabei geschmeidigem Tannin. Schöne, leicht gedeckte Frucht. Ab 1982.

Vietti, Castiglione Falleto. *Brunate* (Barolo), 40 DM, *Rocche* (Castiglione Falletto), 50 DM:
Weine verschiedener Lagen, meist aus gekauften Trauben. Klassisch, lange ausbauend, kräftig, tanninbetont, gleichzeitig fein.

Voerzio Giacomo + Roberto, La Morra. *La Serra*, 31 DM:
Die Brüder Voerzio haben sich vor einigen Jahren getrennt. Noch existiert kein Barolo, der vollständig unter eigener Regie entstanden wäre. Vor der Trennung sehr geschmeidige, runde Weine mit guter Frucht, trotz spürbarem Tannin nicht hart. Ab 1982.

Die besten Barbarescos

Ceretto (Bricco Asili), Barbaresco. *Bricco Asili*, 55 DM:
Sehr dichter, konzentrierter, gleichwohl feiner Wein mit guter Frucht. Trotz der eher leichten Lage mit deutlichem Tannin.

Castello di Neive, Neive. *Santo Stefano,* 25 DM:
Kräftiger, fast mächtiger, tanninbetonter Barbaresco.

Cigliuti, Neive. *Serraboella,* 25 DM:
Kräftiger, mächtiger, tanninbetonter Barbaresco mit leichter Bitternote. Etwas unstet.

Gaja, Barbaresco, 70 DM. *Costa Russi,* 120 DM, *Sori San Lorenzo,* 130 DM, *Sori Tildin,* 130 DM:
Einer der Besten und der Bekannteste. Immer gut gelungene Balance zwischen Typik und gekonntem Barriqueausbau. Bei aller Kraft und Tannin sehr fein. Die einzelnen Lagen setzen sich von dem normalen Barbaresco wie folgt ab. »Costa Russi«: Der zugänglichste, rundeste unter den Lagenweinen. »Sori San Lorenzo«: Der kräftigste, tanninbetonteste, lang ausbauende. »Sori Tildin«: Der feinste, eleganteste, dabei mit guter Haltbarkeit. Hat Struktur.

Giacosa Bruno, Neive. *Gallina,* 40 DM, *Santo Stefano* als Riserva ca. 70 DM:
Verschiedene Lagen, nur aus gekauften Trauben. Immer mächtige, gleichwohl nicht aggressive Weine mit viel Struktur und schöner Frucht. Die »Riserva Santo Stefano« mit dem roten Etikett, die nur in sehr guten Jahren gemacht wird, ist legendär.

Glicine, Neive. *Curà,* 26 DM, *Marcorino* (nicht auf dem deutschen Markt):
Sehr feine, schlanke Barbarescos mit guter Säure, schöner, klarer Frucht und nicht sehr ausgeprägtem Tannin.

Marchesi di Gresy, Barbaresco. *Camp Gros*, 58 DM, *Gaiun*, 58 DM:
Relativ unsteter Erzeuger der Spitzenklasse. Bei gelungenen Jahrgängen wie 1985 dicht, kräftig, aber nicht wuchtig, elegant, recht früh reifend. Der »Camp Gros« ist tanninbetont, kräftiger; der »Gaiun«, ausgebaut im Barrique, feiner, fruchtbetonter.

Prod. Barbaresco, Barbaresco, 35 DM (Riserva):
Genossenschaft mit den größten Anbauflächen von Barbaresco, aus denen in sehr guten Jahren gegenwärtig neun verschiedene Lagenweine gemacht werden, die stets als Riserva ausgebaut werden. Eher kräftige Weine, sehr typisch, mit je nach Lage mehr oder weniger ausgeprägtem Tannin und Frucht. Die einzelnen Lagen unterscheiden sich in der Qualität je nach Jahrgang, aber einige zählen stets zu den besten Weinen.

Prunotto, Alba. *Rabajà*, 36 DM:
Gekonnte Mischung aus Kraft, Tannin und Finesse. Sehr gut gemacht, seit 1985 deutlich besser.

Rocca Bruno, Barbaresco. *Rabajà* (nicht auf dem deutschen Markt):
Noch unstet, größere Jahrgangsschwankungen. Bislang ist der 85er der einzig wirklich gelungene. Fein, fruchtbetont, eigenwillig nach Pinot Noir (Blauburgunder), im Barrique ausgebaut.

Vietti, Castiglione Falletto. *Masseria di Neive*, 33 DM:
Kräftig, dabei fein, mit gutem Tannin. Ausgewogen.

Bei einigen Erzeugern war es früher üblich, einige Flaschen der besten Partien besonders lange im feuchten Steinkeller, dem Infernot, zu lagern.

Eine nicht mehr gebräuchliche Flaschenform mit eingeprägtem Wappen.

Da der Nebbiolo sehr viel Sonne braucht, werden nur die besten Lagen mit Reben bepflanzt.

In der Ebene wird der Nebbiolo nicht angepflanzt. Hier findet man andere landwirtschaftliche Nutzungsarten, z.B. Obst, Getreide und Viehzucht.

Barolo und Barbaresco hierzulande

Wie bei vielen anderen italienischen Weinen wird auch ein Gutteil der Erzeugung von Barolo und Barbaresco nicht in Italien verkauft, sondern ausgeführt. Bei den qualitativ hochstehenden Gütern liegt die Exportquote wohl zwischen 20 und 50 Prozent, wobei es Abweichungen nach oben und unten gibt. Im Schnitt dürfte sie bei 30 bis 40 Prozent liegen. Mit anderen Worten: Nimmt man eine Gesamtproduktion beider Weine von zehn Millionen Flaschen an, gehen drei bis vier Millionen in den Export. Die wichtigsten ausländischen Märkte sind die USA, die Bundesrepublik Deutschland und die Schweiz, und zwar in dieser Reihenfolge. Geht man weiter davon aus, daß auf diese drei Länder zwei Drittel des Exports entfallen und hiervon wiederum ca. 30 Prozent auf die BRD, bedeutet das jährlich 600 000 bis 800 000 Flaschen Barolo und Barbaresco hierzulande. Das sind allerdings sehr ungefähre Schätzungen. Da es keine offizielle Statistik gibt, blieb uns nichts anderes übrig, als die Gespräche mit zahlreichen Winzern gleichsam hochzurechnen.

Bei solchen Zahlen wird unmittelbar einleuchten, daß beide Weine nicht überall anzutreffen sind. Den Barbaresco gibt es praktisch nur im Fachhandel, und das auch nur in solchen Geschäften, die zumindest einen deutlichen Italienschwerpunkt haben. Für eine großflächige Verteilung sind die Produzenten zu klein: Der größte Betrieb füllt ungefähr 400 000 Flaschen ab, der zweitgrößte nur 150 000. Für Ladenketten ist der Barbaresco also uninteressant. Beim Barolo sieht es etwas besser aus. Er ist in einigen Kaufhäusern und Lebensmittelketten zu finden. Ein Hinderungsgrund für eine stärkere Verbreitung ist außerdem der Preis. Bei den meisten Erzeugern fängt er dort an, wo normalerweise für Kaufhäuser und Lebensmittelgeschäfte der Weinverkauf aufhört.

Wie auswählen, und was anlegen?

Barolo und Barbaresco sind mittlerweile recht teure Weine geworden. Noch vor nicht einmal zehn Jahren gab es sie von hervorragenden Erzeugern aus sehr guten Jahren für weniger als 20 DM. Heute ist das der untere Wert für gute Jahrgänge, soll es sich um einen guten Barolo handeln. Die teuersten Barolos kosten um die 70 DM, die Barbarescos aus den Einzellagen von Gaja ca. 120 DM. Vernünftige Qualität ist schwerpunktmäßig zwischen 20 und 30 DM beim Barbaresco und 30 und 40 DM beim Barolo angesiedelt. Gewiß gibt es für beide Weine Ausnahmen, und man kann schon für 15 bis 25 DM etwas Ordentliches erhalten. Aber das sind dann eben die berühmten Trouvaillen.

Unterhalb der Grenze von 15 DM sind zwar auch Barolos zu finden, doch der Inhalt entspricht nicht dem Namen. Normalerweise handelt es sich um schlecht gemachte Weine aus

Problemjahrgängen, die im Piemont sehr günstig zu haben sind. Bei Barolos unter 10 DM hat man es möglicherweise mit Skandalbetrieben zu tun, und es ist zweifelhaft, ob der Wein entsprechend den DOCG-Statuten zustande gekommen ist. Beim Barbaresco ist das weniger ein Problem, da er erst gar nicht von großen Handelsketten geführt wird.

Nun heißt das nicht, daß ein Barolo oder Barbaresco einer höheren Preisklasse gleichbedeutend ist mit einem guten Wein. Interessierte werden nicht umhin können, die Weine einiger maßstabsetzender Erzeuger zu probieren, um einen Qualitätsbegriff und eigene Geschmackspräferenzen entwickeln zu können. Bei gleicher Qualitätsstufe kann dann ein Barolo aus La Morra vorgezogen werden oder aus Serralunga. Ähnlich für Barbaresco. Eine Lage wie Asili oder Rabajà unterscheidet sich im Stil von einer schwereren, tanninbetonteren wie Santo Stefano.

Wo es guten Barolo und Barbaresco gibt

Es wurde bereits darauf hingewiesen, daß ein guter Barbaresco oder Barolo, von wenigen Ausnahmen abgesehen, nur im Fachhandel oder in einigen wohlsortierten Delikatessenläden bzw. in den Feinkostabteilungen von Kaufhäusern einiger Großstädte zu finden sind. Auf diesem Gebiet hat sich in Deutschland in den letzten zehn Jahren sehr viel getan. Vor allem in Großstädten wie Hamburg, Berlin, Bremen, Düsseldorf, Frankfurt, München usw. gibt es mittlerweile Fachhändler, die mit großem Engagement und ebensolcher Kenntnis für ein Sortiment sehr guter italienischer Weine sorgen. Je nach Schwerpunkt und Breite des

Angebots haben sie sogar Barolo und Barbaresco von mehreren Erzeugern im Angebot. Viele von ihnen haben durch ihre Reisen einen persönlichen Kontakt zu den Winzern des Anbaugebiets. Sie beraten in der Regel fachkundig, und selbst wenn Ihr Geschmack nicht immer mit deren Empfehlungen übereinstimmt, dorthin zu gehen und sich beraten zu lassen lohnt allemal.

Eine Variante dieses Fachhandels sind jene Anbieter, die ihre Weine versenden, z.T. überhaupt kein Ladengeschäft haben. Sie tätigen ihren Verkauf, indem sie in einem Katalog ihre Weine mehr oder weniger ausführlich beschreiben. Diese Art Anbieter hat ebenso wie der Fachhandel in den letzten Jahren einen sehr großen Aufschwung genommen. Die meisten Barolo und Barbaresco guter Erzeuger sind auf diesem Wege erhältlich.

Zwei Verzeichnisse erleichtern die Suche nach Händlern, die den gewünschten Wein in ihrem Angebot führen. Einmal die Broschüre »Wer liefert italienische Weine in der Bundesrepublik Deutschland«, herausgegeben vom Italienischen Institut für Außenhandel (ICE, Jahnstr. 3, 4000 Düsseldorf 1, Telefon 0211/387990) sowie das von uns herausgegebene »Kursbuch italienischer Wein« (erhältlich im Buchhandel oder bei der Redaktion Christa Klauke, Saarbrücker Straße 35, 4600 Dortmund 1, Telefon 0231/524625; 573815). Während das erste nur angibt, welches Gut von wem importiert wird, enthält das »Kursbuch« eine Auflistung nach Erzeugern, Anbietern, Jahrgang und Preis. Es beschränkt sich auf diejenigen Händler, die – auch – an Privatkunden versenden, wohingegen die Broschüre des ICE unterschiedslos Einzelhänder vor Ort, Versandhändler und Großhändler aufführt.

Was das Etikett sagt

Einen ersten Hinweis auf das, was sich in der Flasche verbirgt, gibt das Etikett. Die Betonung liegt auf dem »ersten Hinweis«, der vielleicht vor den gröbsten Überraschungen schützen kann, aber keine Garantie für einen einwandfreien Wein bietet.

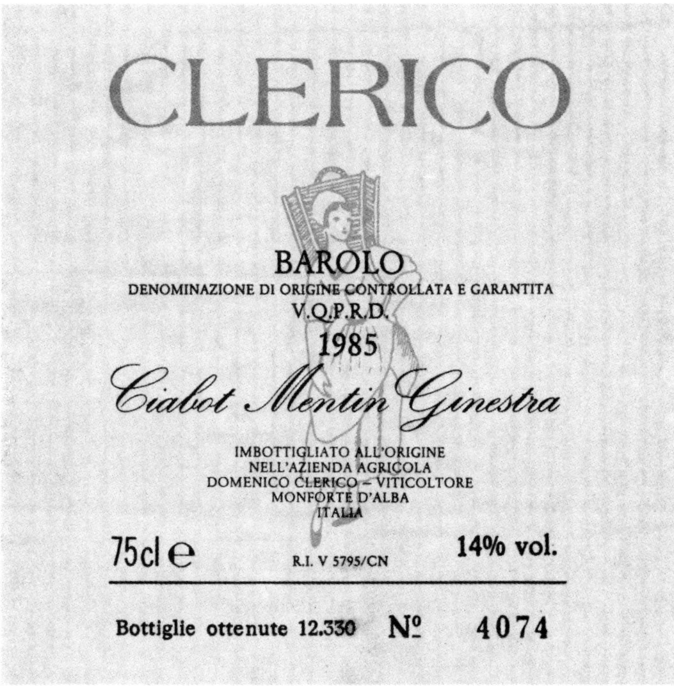

Meist fallen bei der Lektüre zwei Dinge zuerst auf: der Schriftzug Barolo bzw. Barbaresco und der Name des Erzeugers. Ergänzend tritt nicht selten die Angabe der Lage hinzu, aus der Trauben stammen. Das kann z.B. »Ciabot Mentin Ginestra«, eine Lage in Monforte, sein. Der Name des Erzeugers ist die mit Abstand wichtigste Angabe. Er ist der alleinige Garant für die Qualität eines Weines. Beim »Ciabot Mentin Ginestra« ist es Domenico Clerico. Die Worte »imbottigliato nell'azienda agricola« geben die wichtige Auskunft, daß es sich um eine Erzeugerabfüllung handelt, d.h., hinter Clerico verbirgt sich keine Firma, die abfüllt, ohne selbst Wein zu machen. Ebenfalls um eine Erzeugerabfüllung handelt es sich, wenn folgende Bezeichnungen zu lesen sind: »fattoria«, »azienda agricola«, »podere«, »tenuta«, »castello«, »abbazia« oder »proprietario viticultore«. Steht dort »casa vinicola«, dann kauft die Kellerei zumindest teilweise Wein oder Trauben, verkauft unter ihrem Namen also nicht (nur) die eigene Produktion.

Wichtig ist auch der Jahrgang. Denn jeder hat eine andere Charakteristik, der eine hat mehr Säure und Tannin, der andere bringt hohe Alkoholgradationen, der nächste ist fruchtbetont, aber relativ leicht usw. Der Käufer tut deshalb gut daran, sich bei Weinen, die er noch einige Zeit aufheben will, darum zu kümmern. Der 85er »Ciabot Mentin Ginestra« beispielsweise ist recht kräftig, wie an den 14 Volumenprozent Alkohol zu sehen ist. Als letzte Information gibt das Etikett möglicherweise noch Auskunft darüber, wieviel Flaschen von dem Wein abgefüllt wurden. Eine solche Angabe ist freiwillig. Früher kaum üblich, vor einigen Jahren nur bei besonders wertvollen Weinen, ist sie heute so in Mode gekommen, daß manchmal selbst Partien von mehreren hunderttausend Flaschen durchnumeriert werden – teils sogar ohne Angabe der insgesamt produzierten Flaschen.

Die richtige Lagerung

Über die Möglichkeiten, guten Barolo und Barbaresco zu erwerben, ist einiges geschrieben worden, doch wohin nun damit? Das hängt zunächst einmal von der Menge ab. Sind es nur wenige Flaschen, die innerhalb kurzer Zeit getrunken werden sollen, lassen sie sich problemlos in der Wohnung aufbewahren, nur nicht gerade in der prallen Sonne oder neben der Heizung.

Allerdings nehmen sie einen angemesseneren Lagerort, möglichst dunkel und kühl, nicht übel. Er ist bei den beiden Weinen schon deshalb wichtig, weil sie normalerweise nicht trinkreif erworben werden. Die meisten Barolos und Barbarescos werden in den ersten zwei Jahren nach der Freigabe gekauft, wenn sie von ihrem Höhepunkt noch weit entfernt sind.

Optimal für eine längere Lagerung sind eine gleichbleibende Temperatur um 12 Grad Celsius, Luftfeuchtigkeit um 70 Prozent, Dunkelheit, keine Erschütterung und – sehr wichtig – keine Gerüche. Aber wer verfügt schon über einen solchen Raum? In einzelnen Punkten ist eine Abweichung vom Ideal ohne Schaden möglich. Eine höhere Temperatur, Schwankungen zwischen Sommer und Winter lassen den Wein eher reifen, je höher sie sind, desto schneller erfolgt der Alterungsprozeß. Eine größere Luftfeuchtigkeit schadet höchstens den Etiketten, einer zu niedrigen sollte man mit Verdunstern entgegenwirken. Als einfaches Hilfsmittel tut es auch ein Eimer Wasser, den man regelmäßig ausschüttet. Starke Gerüche sind hingegen zu vermeiden, der Wein nimmt sie an. Läßt sich die Ursache nicht beseitigen, bleibt nur die Suche nach einem anderen

Lagerort. Erschütterungen lassen sich beispielsweise durch Schaumstoff dämpfen. Auf keinen Fall sollten die Flaschen stehen. Dies verträgt ein Wein nur kurze Zeit, dann trocknet der Korken aus, Luft tritt ein und der Wein oxydiert. Stehend im warmen, nach Öl riechenden Heizungskeller aufbewahrt, ist er bald ruiniert.

Wie und wozu Barolo und Barbaresco getrunken werden sollten!

Barolo und Barbaresco lassen sich nicht umstandslos in jeder Situation genießen. Allein die Vorstellung, eine gerade geöffnete Flasche Barolo im Hochsommer zu einer Pizza zu trinken, ist absurd. Sie werden vielmehr ganz gezielt im Hinblick auf bestimmte Trinkgelegenheiten ausgesucht und müssen vorbereitet werden. Mit Vorbereitung ist gemeint, daß sie in einer angemessenen Temperatur von etwa 17 bis 18 Grad Celsius serviert werden und vorher Gelegenheit haben sollten, ein zwei Stunden Luft aufzunehmen. Damit ist keineswegs gemeint, daß es ausreicht, den Korken zu ziehen, die Sauerstoffzufuhr wäre zu gering. Es empfiehlt sich, ein Glas auszuschenken, damit die Oberfläche größer wird, oder zu dekantieren.

In welchem Alter die Weine getrunken werden sollten, ist letztendlich eine Frage des persönlichen Geschmacks. Während der eine ihn etwas jünger mag, sagen wir vier Jahre nach der Freigabe, wird ein anderer acht Jahre vorziehen und ein dritter fünfzehn. Wer noch nicht hinreichend Erfahrung hat mit Weinen, die reifen müssen, sollte es selbst ausprobieren. Wer geduldig ist, verfolgt Jahr für

Jahr eine Flasche desselben Weins. Schneller und einfacher geht es, heute noch erhältliche ältere Jahrgänge zu degustieren.

Zwischen beiden Weinen brauchen - was die Gelegenheit anbelangt - keine Unterschiede gemacht zu werden. Sie sind kräftig, tanninbetont und wünschen entsprechende Begleitung.

Das heißt kein helles Fleisch, keine leichten Saucen usw. Vielmehr sind Lamm oder Rind gefragt, Wild und passende Beilagen.

Sie sind übrigens ausgezeichnete - um einen italienischen Ausdruck zu verwenden - »Vini da meditazione«, wörtlich Weine zum Nachdenken. Oder anders: Sie können für sich stehen.

Die Qualität der letzten Jahrgänge

Vor allem für den Barolo ist es sehr wichtig, die Qualität der einzelnen Jahrgänge einschätzen zu können. Wie wenige andere Weine reagiert er sehr empfindlich auf Jahrgangsschwankungen. Beim Barbaresco hingegen sind sie zwar auch deutlich, aber nicht ganz so stark. Wir geben im folgenden eine Einschätzung der Jahrgänge ab 1980. Dabei wird die eingeführte Einteilung in fünf Stufen verwendet, wobei 1 für einen schlechten Jahrgang steht, 2 für mittelmäßig, 3 für gut, 4 für sehr gut und 5 für ausgezeichnet.

1980: 3 - Normal große Ernte, mit befriedigenden bis guten Weinen, etwas zu säurebetont, da teilweise schwacher Körper.

1981: 2 – Für Barolo schlechtes Jahr, von Ausnahmen abgesehen magere Weinen, mit zu hoher Säure und geringer Haltbarkeit. Für Barbaresco etwas besser.

1982: 5 – Großes Jahr, Weine mit großer Haltbarkeit, tanninbetont, sehr ausgewogen.

1983: 2 für Barolo, 3 für Barbaresco. Mengenmäßig die größte Ernte in den 80er Jahren. Bis auf wenige Ausnahmen sehr extraktarme Barolos, die zwar hoch im Alkohol, aber niedrig in der Säure und im Tannin waren. Geringe Haltbarkeit. Für den Barbaresco zwar auch ein leichteres, fruchtbetontes Jahr, aber ansprechende Weine von guter Qualität.

1984: 2 – Nur wenige Erzeuger machten Besseres als magere Weine mit zu hoher Säure und geringer Haltbarkeit.

1985: 5 – Großes Jahr. Weine mit langer Haltbarkeit, tanninbetont, sehr ausgewogen. Eventuell etwas leichter als der vergleichbare 82er und mit etwas mehr Frucht.

1986: 3 bis 4 – Sehr ungleicher Jahrgang, da bei vielen Barolo-Erzeugern der Hagel im Frühsommer bis zu 90 Prozent der Ernte zerstört hat. Was geerntet wurde, kann sich ebenso wie beim Barbaresco sehen lassen. Leichter als der 85er, aber mit gutem Tannin und schöner Frucht.

1987: 2 bis 4 – Extrem ungleicher Jahrgang. Bis kurz vor der Ernte sprach man von einem sehr guten Jahr, aber der während der Lese einsetzende Regen machte so ziemlich alles zunichte. Nur wenige Winzer ernteten vor dem Regen bzw. brachten durch starke Auslese etwas Vernünftiges zustande.

1988: 5 – Nach zwei unerfreulichen Jahren wieder ein sehr guter Jahrgang. Dabei sah es zunächst nicht danach aus. Bis Ende Juni war es regnerisch, ein trockener Sommer und ein sonniger Herbst glichen den Rückstand mehr als aus. Verspricht Weine, die in Stil und Qualität den 82ern und 85ern entsprechen.

1989: 5 – Der Witterungsverlauf und die ersten Analysen nach der Ernte lassen nur den Schluß zu: Es ist wieder ein ausgezeichneter Jahrgang geworden. Geringe Mengen, da es während der Blütezeit feucht und kühl war. Sommer und Herbst waren gleichmäßig schön. Die letzten Wochen waren eine ausgesprochene Zitterpartie: hält das Wetter oder nicht? Es regnete just nach Ende der Lese.

Barolo und Barbaresco sind hierzulande nicht sehr weit verbreitet. Die Preise guter Erzeuger ab Gut sind hoch, die Mengen vergleichsweise gering. Vernünftige Qualität ist meist nur im Fachhandel erhältlich. Als tannin- und säurebetonte Weine brauchen sie lange Zeit zum Ausbau und einen entsprechenden Lagerort. Da die Rebe Nebbiolo, aus der sie gekeltert werden, empfindlich auf Klimaschwankungen reagiert, ist es wichtig, auf die Jahrgänge zu achten, um nicht unangenehme Überraschungen zu erleben. Etwa, daß er nicht z.B. nach zehn Jahren seine Trinkreife erreicht, sondern bereits nach drei oder vier Jahren.

Reise- und Einkaufsmöglichkeiten in der Langhe

Gegenüber anderen italienischen Anbaugebieten hat die Langhe zwei große Vorteile. Sie ist nicht überlaufen, und dort sind Restaurants zu finden, die auf der Höhe der Weine sind. So gut die Friulaner Weißen und die toskanischen Roten sein mögen, die Gastronomie in den dortigen Anbauzonen ist recht unterentwickelt. Lokale einfacheren Zuschnitts überwiegen.

Die Langhe, die übrigens nur 60 Kilometer von Turin entfernt ist, bietet auch eine sehr reizvolle Landschaft. Obwohl inzwischen die Industrie Einzug gehalten hat, macht sie sich nicht störend bemerkbar. Ein Weinberg liegt hier neben dem anderen. Auf den Hügeln kleine Dörfer, der alte Ortskern ist zumindest teilweise erhalten, im Zentrum eine Burg und eine Kirche. In den Tälern Obstbäume und Haselnußsträucher, Wiesen und Äcker. Der größte Ort der Gegend ist das rund 30000 Einwohner große Städtchen Alba, dessen Hauptstraße sich in den letzten Jahren kräftig gemausert hat.

Die beste Reisezeit ist der Herbst. Klimatisch ist es dann am angenehmsten, die Tagestemperaturen liegen bis Mitte Oktober bei rund 20 Grad. Und es beginnt die Trüffelzeit.

Zudem ist die Piemonteser Küche von ihrer Art her keine Küche des Hochsommers.

Die Piemonteser Küche

Italien ist ein Land mit einer Vielzahl von regionalen Küchen. Selbst heute ist das bei einem längeren Aufenthalt unschwer nachzuvollziehen. Gewiß gibt es Gemeinsamkeiten und Gerichte, die überall auftauchen. Aber zumindest in typischen Restaurants werden weiterhin regionale Schwerpunkte gesetzt. In der Toskana z.B. Crostini (geröstetes Brot) als Vorspeise, gegrilltes Fleisch, überhaupt das Kochen ohne Sauce. Die Gerichte leben hauptsächlich von den unmittelbaren Zutaten. In der Emilia, zumal in der Gegend um Parma, wird sehr viel mit Butter, Sahne und Käse gekocht, bei Fleisch herrscht Schwein vor. Nicht zuletzt hat auch der Piemont eine ausgeprägte eigene Küche.

Eine typische Speisenreihenfolge mag als Einstieg dienen. Ein ausgiebiges Essen enthält zwei bis drei kalte Vorspeisen – Carne cruda (rohes, mariniertes Fleisch), Vitello tonnato (Kalbfleischscheiben mit Thunfischsauce), gegrillte Paprikaschoten mit Sardellenfilets –, anschließend zwei, drei warme Vorspeisen – Spinatflan mit Käsesauce, Frittata (eine Art Gemüseomelette). Es folgt der erste Gang, etwa Tajarin (Piemonteser Ausdruck für feine Bandnudeln) mit Tomaten- oder Fleischsauce, Agnolotti (die Piemonteser Version der Ravioli), meist mit Bratensauce oder mit Butter und Salbei, Risotto. Beim Hauptgang Brasato al barolo (Schmorbraten in einer Barolosauce), Kaninchen in verschiedenen Saucen oder gegrillt, Rebhuhn und Perlhuhn. Schließlich als Dessert auf der Basis von Sahne und Schokolade: Panna cotta, Budino, Bunet. Nicht zu vergessen der Käse: Toma, Bra, Gorgonzola.

Das ist übrigens keine Speisefolge aus einem verstaubten Kochbuch des 19. Jahrhunderts. Sie ist typisch für ein Wochenende in einem traditionellen Restaurant der Langhe. Kaum hingegen findet man die in Artikeln und Büchern immer noch herumgeisternde Bagna cauda (rohes Gemüse in einer Sauce aus Öl, Butter, Knoblauch und Sardellen).

Berühmt ist die Langhe für ihre weißen Trüffeln. Die Saison reicht von Oktober bis Dezember, die ersten Knollen tauchen bereits im September auf. Obwohl sie inzwischen ohne Übertreibung sündhaft teuer geworden sind, gehen bessere Restaurants vor Ort mit ihnen verschwenderisch um. Praktisch kein Gericht, das nicht durch fein gehobelte Trüffelscheiben verfeinert würde - zumindest nach Ansicht der emsig Hobelnden. Waren früher Trüffeln im Preis des Gerichts bzw. des Menüs inbegriffen, so werden sie seit Mitte der 80er Jahre getrennt ausgewiesen. Eine Trüffelorgie vermag das Essen gut und gerne um 50 Prozent verteuern.

Wollte man den Stil der Küche allgemein charakterisieren, so genügen fürs erste zwei Worte: (eher) deftig und viel. Gekocht wird mit Öl und Butter, häufig sind Braten in einer mächtigen Sauce. Sie ähnelt einer Küche von hart arbeitenden Personen in kälteren Regionen. Gleichzeitig gibt es raffiniert-einfache Gerichte, die durch eine überraschende Verbindung überzeugen. Etwa Carne cruda, d.h. rohes, mariniertes Fleisch, hauchdünn geschnitten, Agnolotti mit Butter und Salbei oder Lamm in einer sämigen Rotweinsauce.

So etwas schreit förmlich nach kräftigen, säurebetonten Weinen: Zu den Vorspeisen und zum ersten Gang ein Dolcetto oder ein junger Barbera, zum Hauptgang ein Barolo oder Barbaresco. Der Kult alter Jahrgänge, der hierzulande praktiziert wird, ist dort unbekannt. Nur wenige Restaurants haben ältere Jahrgänge auf der Weinkarte, und das auch erst seit einigen Jahren. Das steht nicht im Widerspruch zu der Tatsache, daß ein Barolo oder Barbaresco früher mehr Zeit zur Reife bekam, nicht schon in seiner frühen Jugend getrunken wurde. Der ältere Jahrgang war die Normalität, so wie es heute der junge ist, aber keine Besonderheit.

Aufmerksames Beobachten in Restaurants kann auch Auskunft geben über die Absatzprobleme der Piemonteser Roten. Die eben geschilderte, gleichsam klassische Weinreihenfolge zum Essen wird immer stärker ersetzt durch einen Weißen und einen leichten Roten, vorzugsweise Dolcetto.

Ausgewählte Restaurants in der Langhe

Das Angebot an Restaurants jeglicher Art und Qualität ist inzwischen so umfangreich, das für jeden Geschmack etwas anzutreffen ist. Die Palette reicht von klassisch-schwerer, traditioneller Küche über klassisch, auf höchstem Niveau verfeinert bis hin zu einer sehr kreativen, leichten Küche.

Wie nicht anders zu erwarten, ist das Angebot der Betriebe mit traditioneller Küche am größten. Die meisten sind einfach, mit sehr schwerer Küche und nicht immer guten Zutaten. Die Weinauswahl ist gering, teilweise werden die Weine aus eigener Herstellung betont. Ist dann noch das Preisniveau überzogen, ist ein solcher Besuch wahrscheinlich der letzte. Ein Restaurant, das diese Art von Küche auf gutem Niveau bringt, ist hingegen das *Belvedere* in La Morra. Hier findet man wirklich die reichhaltige, bodenständige Küche mit guten Zutaten. Es gibt zwar keine Weinkarte, aber es können die Weine praktisch aller renommierten Erzeuger der Langhe geordert werden. Mit ca. 200 Plätzen ist das Lokal sehr groß und am Wochenende meist gut besetzt. Das Erstaunliche: Selbst wenn es rappelvoll ist, bleibt der Service effizient und freundlich.

In eine ähnliche Richtung, wenn auch etwas verfeinert und leichter, was noch durch die helle Einrichtung verstärkt wird, geht das *Bel Sit* in La Morra. Die neuen Inhaber kochten zuvor im *Barbabuc* in Novello. Die Küche ist überwiegend klassisch piemontesisch mit etwas modernem Einschlag. Die Weinkarte ist zwar nicht sehr groß, aber enthält eine gute Auswahl zuverlässiger Erzeuger der näheren Umgebung.

Sehr angenehm ist *La Cantinetta* in Castagnito. Die Einrichtung ist sehr leicht und hell gehalten, wirkt aber nicht kalt. Das Essen ist klassisch orientiert, dabei etwas entschlackt und mit anderen Gerichten ergänzt. Man achtet auch auf die Jahreszeit, d.h. keinen schweren Braten im Hochsommer. Die Weinauswahl ist für ein so junges Restaurant erstaunlich gut. Erfreulich ist schließlich die Rechnung, sie fällt nämlich meist recht moderat aus.

Eine sehr gute Weinauswahl mit deutlichem regionalen Schwerpunkt – aber nicht nur – hat die *Osteria dell'Arco* in Alba. Die Küche ist gut und unprätentiös, stets werden nur wenige Gerichte angeboten, die häufig wechseln.

Oft steht schon abends etwas anderes auf der Karte als mittags.

Auf wesentlich höherem Niveau und beeinflußt von der neuen italienischen Küche ist das *Il Cascinalenuovo* in Isola d'Asti. Die Atmosphäre in den mit hellem Holz getäfelten Räumen ist elegant und ansprechend. Die Küche verleugnet nicht die Gegend, etwa bei den Nudelgängen. Gleichzeitig werden Anregungen von außen aufgenommen, so etwa ein Salat mit Entenbrust und Käse. Die Weinkarte gehört zu den besten der Region. Daß die führenden Erzeuger der Gegend vertreten sind, ist selbstverständlich, übrigens auch mit attraktiven alten Jahrgängen bei Barolo und Barbaresco. Außerdem gibt es eine gute Auswahl aus dem übrigen Italien. Nicht zuletzt kommen Grappafreunde auf ihre Kosten. Das angenehmste ist natürlich, daß ein Hotel mit schönen Zimmern angeschlossen ist. Zimmer nach hinten wegen der Ruhe verlangen. Es liegt unweit einer stark befahrenen Straße.

Traditionelle Küche auf höchstem Niveau wird von *Da Guido* in Costigliole d'Asti geboten. Es ist das einzige wirklich hochklassige Restaurant der Gegend. Geht man davon aus, daß sich Klasse nicht nur bei den Gerichten ausdrückt, sondern auch im Service, in der Einrichtung und in der Atmosphäre, so ist hier alles gegeben. Ohne Rücksicht auf Mühen und Kosten wird ständig versucht, die besten Zutaten für die einzelnen Gerichte zu finden. Guido Alciati reist bis in die Berge, bittet einen Bauern, einen bestimmten Käse nach seinen Wünschen zu erzeugen. Die Küche ist das Reich seiner Frau Lidia. Sie verfeinert die traditionellen Gerichte so weit wie möglich, ohne ihnen ihre Typik zu nehmen. Ein Familienbetrieb im wahrsten Sinne des Wortes: Auch die drei Söhne arbeiten in der Küche und im Service mit. Der Weinkeller ist für die Weine der näheren Umgebung der beste überhaupt denkbare. Es gibt nichts, was Guido in dieser Hinsicht nicht öffnen könnte. Selbst Abfüllungen renommierter Erzeuger, die nur für ihn gemacht wurden, sind hier zu finden. Gleichzeitig ist er einer der besten Kenner der Weine der Gegend. Auch die Auswahl anderer Regionen kann sich sehen lassen. Die besten Güter sind vertreten. Ein Hinweis: Normalerweise werden zu dem festen Menü – es gibt nur eins, à la carte zu essen ist nicht möglich – die passenden Weine serviert. Wer selbst auswählen möchte, sollte es gleich zu Beginn sagen.

Eines der angenehmsten Restaurants ist das kleine, knapp 30 Plätze bietende *Il Falstaff* in Verduno. Das liegt an der geglückten Verbindung von Service, Küche und Einrichtung. Der Service ist freundlich, unkonventionell, aber auch sehr professionell. Die Küche ist kreativ, mit viel Lust am Experiment. Die Redewendung, daß nach dem täglichen Einkauf gekocht wird, trifft hier wirklich zu. Wenn es z.B. gute Krebse gibt, nur eben nicht in ausreichender Menge für einen Hauptgang, so wird daraus eine Vorspeise. Entsprechend häufig wechselt das Angebot. Das Weinangebot enthält die besten Erzeuger der Gegend und eine gute Auswahl aus anderen Anbaugebieten. Der Wahl der Weine und Winzer wird große Bedeutung beigemessen, und es gehört fast zur Regel, daß die Inhaber Jane und Franco die Erzeuger tatsächlich besuchen. Das schlägt sich natürlich in der Beratung nieder.

Nicht zuletzt noch eine Empfehlung für Risikobewußte. Das *Cacciatore* in Albaretto della Torre hat einen der kreativsten Köche ganz Italiens am Herd. Hier findet man Kompositionen, auf die ein normaler Koch erst gar nicht käme. Die Küche ist dabei durchaus regional inspiriert in dem Sinne, daß die Zutaten der engeren Umgebung verwandt werden. Allerdings sind neben einem recht hohen Preis auch einige Abstriche im Service in Kauf zu nehmen, eine geringe Weinauswahl sowie schon mal einige banale Gerichte im Menü.

Bel Sit, Via Alba 17 bis, La Morra, T. 0173/50350
Belvedere, Piazza Castello 5, La Morra, T. 0173/50190
Cacciatore, Albaretto della Torre, T. 0173/520141 (nur auf Voranmeldung)
Da Guido, Piazza Umberto I n. 27, Costigliole d'Asti, T. 0141/966012 (nur auf Voranmeldung)
Il Cascinalenuovo, Direttissima Asti–Alba, Isola d'Asti, T. 0141/958166
Il Falstaff, Via C. Sciavino 1, Verduno, T. 0172/459244 (nur auf Voranmeldung)
La Cantinetta, Via Roma 24, Castagnito, T. 0173/213388
Osteria dell'Arco, Vicolo dell'Arco 2/b, Alba, T. 0173/363974

Gemessen an dem noch immer geringen Besucherstrom reicht das Angebot an Übernachtungsmöglichkeiten aus, allerdings fehlen Ferienhäuser oder -wohnungen. Für den mobilen Touristen, der das Barbaresco- und das Barolo-Gebiet erkunden will, ist wohl die beste Bleibe das *Motel Alba.* Ein moderner, sehr funktionaler Bau, ruhig, obwohl es an einer Ausfahrtstraße liegt. Es ist so organisiert, daß man vor seiner Zimmertür parken kann. Die Zimmer sind mit gutem Komfort ausgestattet, es gibt Tag- und Nachtservice, und es ist preislich angemessen.

Das direkt in Alba gelegene *Savona* ist demgegenüber mit Vorsicht zu genießen, da einige Zimmer sehr klein sind. Ansonsten bietet es ähnlichen Komfort. Von dem angeschlossenen Restaurant ist abzuraten. Die Küche ist einfach, der Weinservice schlecht.

Motel Alba, Corso Asti 5, Alba, T. 0173/363251
Hotel Savona, Via Roma 1, Alba, T. 0173/42381

Weinkauf vor Ort

Der Weinkauf ab Gut ist bei nahezu allen Winzern problemlos. Nur sehr wenige verkaufen nicht an Touristen. Zwar haben die meisten keine Probierstube, da es keinen ausgeprägten Weintourismus gibt, doch für den ernsthaft Interessenten sind Möglichkeiten zur Degustation gegeben. Es empfiehlt sich, wochentags seinen Besuch so zu planen, daß man nicht zur Mittagszeit oder spätabends das Gut aufsucht. Während der Erntezeit, d.h. von Mitte September bis Mitte/Ende Oktober, sollte man berücksichtigen, daß vor allem bei Familienbetrieben alle Hände bei der Ernte und im Keller gebraucht werden.

Zwar ist das Gebiet von Barolo und Barbaresco nicht so groß wie etwa das des Chianti, aber doch so weitläufig, daß der Besuch mehrerer Güter pro Tag anstrengend werden kann. Will man sich erst einmal Probeflaschen besorgen, kann man die kommunale Enoteca aufsuchen oder ein Fachgeschäft in Alba.

In den letzten Jahren ist in vielen Gemeinden eine lokale *Enoteca* entstanden, in der nahezu alle Erzeuger des betreffenden Gebietes mit ihren Weinen vertreten sind. Für Barolo ist das etwa La Morra und Barolo, für Barbaresco ist es die des gleichnamigen Ortes sowie eine Enoteca in Neive. Eine Regelmäßigkeit bei den Öffnungszeiten scheint nicht gegeben, genauer: Es kommt vor, daß die angegebenen Termine nicht eingehalten werden. Am Wochenende sind sie jedoch normalerweise geöffnet.

Verständlicherweise sind jeweils nur wenige Flaschen geöffnet, d.h., nicht jeder Wein kann probiert werden. Geringe Mengen sind übrigens käuflich zu erwerben. Ausnahme: die Enoteca Regionale di Barbaresco. Hier sind die Flaschen nur ausgestellt. Eine Verkostung oder ein Kauf ist nicht möglich.

Sehr bekannt ist die Enoteca von Grinzane Cavour, übrigens die erste ihrer Art im Piemont. Sie ist auch der Sitz der Weinbruderschaft Cavalieri dei Tartufi e dei vini di Alba. Das Angebot ist allerdings nicht sehr attraktiv, da kaum einer der hochkarätigen Erzeuger mit seinen Weinen vertreten ist. Das angeschlossene Restaurant ist durchschnittlich.

Enoteca Regionale di Grinzane Cavour, Grinzane Cavour, Castello di Grinzane, T. 0173/62519, dienstags und im Januar geschlossen.
Enoteca Regionale di Barolo, Barolo, Castello di Barolo, T. 0173/56277, donnerstags geschlossen.
Enoteca Regionale di Barbaresco, Barbaresco, Chiesa di San Donato, T. 0173/635251
Cantina Communale di La Morra, La Morra, Piazza del municipio, T. 0173/50877
Bottega di Neive, Neive, Palazzo communale, T. 0173/67004

Wer sich für alte Geräte der Weinherstellung interessiert, findet zum einen eine Ausstellung in den oben erwähnten Enoteche von Grinzane Cavour und Barolo. Auf privater Basis gesammelt hat der im Herbst 1988 verstorbene Renato Ratti. Sein Museum ist dem Weingut angeschlossen und nach Voranmeldung zu besuchen. (**Museo Ratti dei Vini di Alba,** Fraz. Annunziata, La Morra, T. 01 73/5 01 85.)

In Alba findet jeweils im Frühjahr die *Fiera del Pasqua* statt, eine mehrtägige Ausstellung des zuletzt freigegebenen Jahrgangs der Weine des engeren Einzugsgebietes. Die Spannbreite reicht von Barolo und Barbaresco bis hin zu den Weißen. Alle ausgestellten Weine können probiert werden. Nachteil: Die meisten hochkarätigen Erzeuger verzichten auf die Teilnahme.

Ebenfalls in Alba gibt es einen hervorragend sortierten Laden mit praktisch allen Barolo- und Barbaresco-Erzeugern, die zählen. Interessierte können daneben eine umfangreiche Auswahl an Dolcetto und Barbera finden sowie die verschiedenartigen Grappe. Die Beratung ist kompetent, Bruno della Torre weiß, wovon er spricht. Er bietet nicht nur bekannte Namen, sondern auch kleine, kaum entdeckte Güter (**Il Crutin,** Via Cuneo, Alba, T. 01 73/3 92 39).

Wer zur Trüffelzeit in der Langhe weilt, sollte *Ponzio* in der Hauptstraße Albas aufsuchen (Via V. Emanuele 26).

Eine Reise in das Anbaugebiet lohnt nicht nur wegen der Weine. Ihrem Niveau entspricht auch das der Küche. Von preiswerten, guten Trattorien bis zu hochkarätigen Restaurants reicht das Spektrum, von klassischen, regionalen bis zu innovativen Gerichten.

Glossar

Alba: Kleine Stadt mit 30000 Einwohnern zwischen den Anbaugebieten von Barolo und Barbaresco. Ist auch Namensbestandteil mehrerer DOC-Weine wie z.B. Barbera d'Alba und Dolcetto d'Alba.

Arneis: Lokale weiße Rebsorte, in den frühen 70er Jahren sehr selten, heute im Kommen. Der gleichnamige Wein ist kräftig, weich, nuancenreich, mit leichtem Bitterton. Seit kurzem DOC.

Barbaresco: Namengebende Gemeinde des Barbaresco.

Barbera: In einigen nördlichen italienischen Regionen verbreitete rote Rebsorte, die im Piemont die besten Ergebnisse erzielt. Sie gibt einen kräftigen, körperreichen, säurebetonten Wein.

Barbera d'Alba: Wein mit gesetzlich kontrollierter Herkunft (DOC) aus der gleichnamigen Rebe. Sein Anbaugebiet liegt um das Städtchen Alba. Kräftig, mit intensiv dunkelroter Farbe, säurebetont und mit leichtem Pflaumenton, vor allem nach einigen Jahren der Reife.

Barolo: Namengebende Gemeinde, die in ihren besten Lagen sehr feine Barolos mit einem ausgeprägten Gleichgewicht von Tannin, Säure und Frucht hervorbringt.

Barrique: Kleines, 225 Liter fassendes Eichenholzfaß, fand ursprünglich zum Ausbau des Weines vor allem in Bordeaux Verwendung. Gibt dem Wein einen ganz bestimmten, je nach Herkunft und Verarbeitung anderen Ton. Wird zunehmend in Italien und besonders in der Toskana benutzt.

Cabernet Sauvignon: Hochwertige französische Rotweinrebe, wird vor allem für Bordeaux-Weine verwandt. Findet in Italien zunehmend Verbreitung, ist im Piemont jedoch noch sehr selten anzutreffen.

Castiglione Falletto: Gemeinde, deren Barolos in ihrer Jugend ein sehr deutliches Tannin haben, das gleichzeitig sehr hart sein kann. Relativ hohe Säure und ausgeprägte Fruchtkomponente.

Chardonnay: Ursprünglich aus Frankreich kommende weiße Rebsorte, heute international weit verbreitet. In Italien die Weißweinrebe, die am häufigsten neu gepflanzt wird. Sehr gut geeignet für den Ausbau im Barrique. Im Piemont im Kommen.

DOC: Wörtlich »Denominazione di origine controllata«, d.h. kontrollierte Ursprungsbezeichnung. Für Barolo und Barbaresco gültig von 1967 bis 1980 bzw. 1981. Entspricht dem deutschen »Qualitätswein bestimmter Anbaugebiete«. Für jeden DOC-Wein werden bestimmte Produktionsvorschriften, etwa Mindestlagerzeit und Mindestalkoholgehalt, die Reben, aus denen er gemacht wird sowie das Anbaugebiet, sind festgelegt.

DOCG: Wörtlich »Denominazione di origine controllata e garantita«, d.h. kontrollierte und garantierte Ursprungsbezeichnung. Gültig seit 1980 für den Barolo und seit 1981 für den Barbaresco. Im wesentlichen wie DOC, hinzu kommt eine verbindliche Probe, bevor der Wein in den Handel gelangen darf.

Dolcetto: Hauptsächlich im Piemont angebaute rote Rebsorte. Anders als der Name nahelegt, sind die Weine trocken.

Dolcetto d'Alba: Wein aus der gleichnamigen Rebe mit kontrollierter Ursprungsbezeichnung (DOC). Trocken, mit leichtem Tannin, früh trinkreif und mit angenehmem Bittermandelton im Abgang.

Konsortium: Halbstaatliche freiwillige Vereinigung von Weinerzeugern eines bestimmten Weines bzw. Anbaugebietes. Zu ihren Aufgaben zählen die Qualitätskontrolle und die Werbung für den betreffenden Wein.

Lage: Kleineres Anbaugebiet (Weinberg), aus dem Weine mit ähnlichen Eigenschaften stammen. Im Französischen, teils auch im Italienischen als Cru bezeichnet. Bekannte Lagen des Barolo sind Cannubi, Bussia, Villero, Rocche di Castiglione, Monprivato, Vigna Rionda. Für Barbaresco Montestefano, Santo Stefano, Rabajà, Gallina.

La Morra: Gemeinde, die feine Barolos mit relativ mildem Tannin hervorbringt. Sie sind frühreifend und dann samtig, das Bouquet erinnert leicht an Laub und Tabak.

Langhe: Dialektausdruck für die Hügellandschaft um Alba.

Monforte: Gemeinde, deren Barolos erkennbar sind an ihrem teilweise mächtigen Körper und einem deutlichen Teergeschmack bereits in jungen Jahren (Goût de goudron).

Nebbiolo: Tanninreiche rote Rebsorte, die sehr lang haltbare Weine ergibt. In nennenswertem Maße nur im Piemont und im angrenzenden Veltlin (Lombardei) angebaut. Die besten Piemonteser Weine, darunter der Barolo und der Barbaresco, sind reinsortige Nebbiolo-Weine.

Nebbiolo d'Alba: Wein mit kontrollierter Ursprungsbezeichnung (DOC). Bei gleicher Rebe leichter, weniger tanninbetont als Barolo und Barbaresco.

Neive: Zweite bekannte Gemeinde des Barbaresco.

Piemont: Italienische Region im Nordwesten mit der Hauptstadt Turin. Sowohl industrielles Zentrum als auch berühmt für seinen Weinbau. Wörtlich: am Fuße des Berges liegend.

Serralunga: Gemeinde, deren Barolos ein überaus mächtiges Tannin aufweisen, das im Unterschied zu Castiglione Falletto und Monforte sehr trocken ist.

Vino da Tavola: Wörtlich »Tafelwein«. Knapp 90 Prozent der italienischen Weinproduktion entfällt auf Tafelwein, weit überwiegend uninteressante und billige Weine. Eine kleine Gruppe entspricht nicht diesem Typus, es sind im Gegenteil sehr hochwertige und teure Weine, die von ihren Erzeugern deshalb als Tafelwein gemacht werden, da sie den Produktionsvorschriften des DOC-Weins der Gegend nicht entsprechen.

Literatur

Anderson, Burton: Italiens Weine, Bern/Stuttgart 1987
Enthält knappe Erläuterungen zu rund 800 Weinen und bildet Italien damit mehr als ausreichend ab. Ergänzt werden die Hinweise durch ein Verzeichnis empfehlenswerter Erzeuger. Leider ist dieser Teil der schwächste des handlichen Buches, da Anderson einfach zu großzügig verfährt.

Dohm, Horst: Flaschenpost aus Italien, München 1988
Sehr großzügig gestalteter Band über 60 maßstabsetzende Erzeuger mit sehr guten Fotos. Praktisch alle hochwertigen italienischen Güter werden ausführlich portraitiert. Kompetente Einleitung, die eine allgemeine Einführung in die Weinwirklichkeit Italiens bietet und die drei Schwerpunktgebiete – Piemont, Friaul, Toskana – vorstellt.

Klauke, Christa, Eberle, Friedrich (Hrsg.): Kursbuch italienischer Wein 1990, Dortmund 1990 (erhältlich über den Buchhandel oder direkt bei der Redaktion Christa Klauke, Saarbrücker Str. 35, 4600 Dortmund 1, Tel. 0231/524625 o. 573815)
Von uns herausgegeben jährlich überarbeitetes Buch. Der erste Teil behandelt jeweils schwerpunktmäßig ein bis zwei Weinlandschaften. Außerdem im ersten Teil: Informationen rund um den italienischen Wein. Im zweiten Teil werden die im Versandhandel verfügbaren italienischen Weine mit Preisen und Anbietern aufgeführt, geordnet nach Regionen, Jahrgängen und Erzeugern. Enthält 1990 mehr als 8000 Preise.

Priewe, Jens: Italiens große Weine, Herford 1987
Sehr gut illustriertes Buch mit informativem Bildmaterial über die wichtigsten Anbaugebiete. Kompetenter Text, der auf die Geschichte und Gegenwart der betreffenden Weinlandschaften eingeht. Zahlreiche Gutsportraits maßstabsetzender Erzeuger. Sehr ausführlich für Pie-

mont, dabei vor allem für Barolo und Barbaresco. Schwerpunktmäßig behandelt werden außerdem die Toskana und Friaul.

Rosso, Gambero: Vini d'Italia. 600 Produzenten, 2200 Weine, Stuttgart/Bern 1989

Sehr umfangreiches Verzeichnis von Erzeugern und ihren Weinen. Die Güter werden kurz portraitiert, ihre Weine beschrieben und bewertet. Zumindest die italienische Ausgabe wird jedes Jahr neu überarbeitet. Zum Teil etwas oberflächlich. Praktisch alle guten Barolo- und Barbarescoerzeuger sind vertreten.

Veronelli, Luigi: Weine Italiens, Hamburg 1990

Der Klassiker unter Italiens Weinbüchern in deutscher Übersetzung. Veronelli bewertet rund 2000 Weine von mehr als 600 Erzeugern mit ein bis drei Sternen, für ganz herausragende vergibt er eine Sonne. Nicht nur im Bereich von Barolo und Barbaresco sehr zuverlässig. Der Autor gilt als einer der besten Kenner der italienischen Weine.

Die ECON Gourmet Bibliothek

Ob über die besten Käsesorten, den feinsten Sekt, die exklusivsten Arten, Hummer zu essen – die ECON Gourmet Bibliothek informiert Sie über die edelsten Produkte aus dem Bereich Essen & Trinken. »Mehr Lebensfreude durch kulinarischen Genuß«, ist das Motto des Herausgebers Hans-Peter Wodarz. Und so richtig genießen kann eben nur der Wissende. In kompakter Form erhalten Sie wichtige Informationen über Kulturgeschichte, Herkunftsländer und Qualitäten. Tips, Adressen, Bewertungsskalen und praktische Empfehlungen helfen allen Genießern und Gourmets weiter.

Jeder Band der ECON Gourmet Bibliothek umfaßt ca. 112 Seiten und ist so sorgfältig ausgestattet wie das Buch, das Sie im Moment in den Händen halten: Ein fester Pappband, farbiges Vorsatzpapier, Kaptalbändchen und viele Farbtafeln machen die ECON Gourmet Bibliothek auch für Bücherfreunde zu einem optischen Genuß. Auf den folgenden Seiten sehen Sie, wie viele Bücher zu Gourmetthemen bereits erschienen sind.

Peter C. Hubschmid
Beaujolais, Primeur & Co.

Jürgen Lautwein
Espresso, Mokka, Capuccino & Co.

Karl Rudolf
Grappa, Marc & Co.

Karl Rudolf
Portwein

Heide Hartner
Olivenöl & Oliven

Peter Lempert
Austern

Veronika Müller
Hummer, Krabben, Shrimps & Co.

Ingeborg Kunze-Glupp
Trüffel

Peter Hilgard
Sherry

Friedrich Eberle/Christa Klauke
Chianti

Karl Rudolf
Calvados

Jo Volks
Armagnac

Petra Klein
Essig: Aceto Balsamico & Co.

Rudolf Knoll
Sekt

Ingo H. G. Taubert
Lachs

Jürgen Löbel
Parmaschinken & Co.

Heide Hartner
Roquefort, Stilton & Co.

August F. Winkler
Mouton-Rothschild, Latour, Lafite-Rothschild & Co.

Ingo H. G. Taubert
Kaviar

Jürgel Löbel
Mailänder Salami & Co.

Heide Hartner
Lamm

Peter Hilgard
Rioja-Weine

Rudolf Knoll
Mosel-Saar-Ruwer

Karl Rudolf
Malt, Scotch, Bourbon & Co.

Klaus Englert
Spargel

Friedrich Eberle/Christa Klauke
Barolo & Barbaresco

Horst Dohm
Cognac